让我们开启观鸟之旅吧

云南观鸟手册

任维东◎著

云南美术出版社

图书在版编目（C I P）数据

云南观鸟手册 / 任维东著. -- 昆明 : 云南美术出版社, 2025. 5. -- ISBN 978-7-5489-5678-5

Ⅰ. Q959.708-62

中国国家版本馆CIP数据核字第20250XR326号

出 版 人：赵文红

项目统筹：赵文红　张军云
责任编辑：侯　勇　刁正勇
责任校对：赵　婧　王　梦　王飞虎
装帧设计：刁正勇

云南观鸟手册

任维东◎著

出版发行：云南美术出版社（昆明市环城西路609号）
制版印刷：云南新华印刷二厂有限责任公司
开　　本：889mm×1194mm　1/32
字　　数：220千字
印　　张：13.75
版　　次：2025年5月第1版
印　　次：2025年5月第1次印刷
书　　号：ISBN 978-7-5489-5678-5
定　　价：88.00元

前 言

亲爱的读者朋友，感谢您阅读本书。为了帮助大家更好地了解或使用本书，请一定看看我以下所写的内容。

第一，需要说明：这是一部从博物学角度为众多业余观鸟爱好者、中小学生等撰写的观鸟入门手册。本书并非专业的鸟类学著作。

第二，本手册不是“云南鸟类大全”，只从我自己在云南实地观察、拍摄到的鸟类中选取了330种常见、罕见及珍稀野生鸟类，所选入书的鸟类只是在云南拍摄记录到的众多鸟类的一部分。需要特别指出的是，从事野外观鸟（打鸟）是一项需要投入大量时间、精力、金钱等，且过程艰苦甚至危险的工作。据我了解，目前似乎还没有哪一个人（专业和非专业观鸟者、研究者均包括在内）凭一己之力真正走遍云南，能全部实地逐一观察、拍摄清楚云南所有的野生鸟类。这也正是我们所有专业和业余观鸟爱好者所面临的挑战和需要一直努力的方向。更多种类、更好看的鸟类还需要有更多的爱好者去坚持不懈地观察和拍摄。

第三，本书仅作为一种帮助观鸟初学者、业余打鸟爱好者的入门通俗读物，在写作时，力求在有一定专业知识的前提下，尽可能地面向非专业鸟类研究的普通大众。不作精细的科学分类，不使用英文、拉丁文鸟名，不用或少用鸟体各部位诸如“眼先、飞羽、覆羽、喙”等专业术语，基本采用人们一看就懂的大白话。并且，本书也没有按照鸟类所属的专业目、科来分类排序，而是按照拍摄时的实际情况随性排列，这样更彰显自然。

第四，本书不是一部鸟类摄影专集。我在书中所采用的自己拍摄的这些鸟类照片，除极少数尽量兼顾摄影艺术效果外，大都是展现各种野鸟全貌的“标本式”照片，能够帮助大家准确识别，而不全是一些拍鸟者孜孜以求、津津乐道的鸟“飞板”照片。凡是有过一定打鸟经验的人都知道，野鸟“飞板”照片虽然看起来很美，但由于鸟在空中飞翔时展开的双翼会遮挡其颈部、背部的部分颜色特征，不能使人一下子就看清鸟的全部样貌，可能会产生误导，故本书多采用鸟友们常说的“呆鸟”照。

第五，除少数鸟照兼顾了雌鸟或一时尚未拍到雄鸟外，本书中每一种鸟片大都是采用了雄鸟做该鸟种的代表。

第六，关于各种鸟的人为分类很难做到绝对意义上的准确。有些鸟差别细微，我经常为精确识别一种鸟请教不同专家，然而即使是鸟类研究专家也时常难以肯定其种属，常答复说“可能”“大概”。比如，柳莺科的鸟类很多，即便是专家对其中一些也难以准确区分。所以，对某些鸟的分类，国内外有关专家一直有争议，这很正常。而且，随着科学不断进步，对众多野鸟的认知逐渐增多，中外鸟类学家对鸟的划分也越来越细致，比如一些鸟类原本被视为某一类鸟的亚种，如今却不断被划分为一个个独立新种，于是，就出现了今天鸟种越来越多的情况。因此，本书所列举的鸟类及科属划分参照了国内外相关鸟类学著作，仅供大家观鸟、拍鸟时参考，对那些有争议的鸟种的具体识别还要靠观鸟者在实践中结合它们所在的区域，以及地形、植被类型等多种因素综合判断。

第七，特别提请注意：本书中从开篇到结尾所说的“打鸟”都是采用了观鸟圈里通行的行话，意思是观鸟者借助照相机镜头“拍鸟和看鸟”。

目 录

第一章　观鸟看什么

首先需要申明的是：虽然国际公认现代意义上的观鸟活动发端于18世纪中期的英国，但在中华文明史上，我们的祖先很早就对大自然中的鸟儿给予了特别的关注。

这不仅有很多文献史料的记载，还得到了不少考古成果的印证。

仅就国家历史文化名城昆明而言，考古专家从1955年至1996年，对位于昆明市晋宁区的石寨山进行了五次发掘，在那里发现了战国时期至汉代古墓群遗存，出土青铜器、金器、银器、铁器、玉器、玛瑙等文物近5000件，尤其轰动国内外学界的是发现了“滇王之印”金印。这有力地证明了西汉史学家司马迁《史记·西南夷列传》中记载的古滇国确实存在。

其中，对研究云南及昆明鸟文化史最具意义的是，考古专家在石寨山墓葬中还发现了犀鸟纹饰、三鸟扣饰、长方形鸟边扣饰。在石寨山等地出土的青铜器上，清晰地铸有孔雀、鸳鸯、鹦鹉、鹈鹕、乌鸦、燕子、水凫、鹭鸶、鹰、枭、雉等鸟类图案。而且，在石寨山出土的古人贮贝器上，饰有粮仓图，仓顶上站立3只飞鸟，仓旁还有一只老母鸡领着一群小鸡正在啄食地上洒落的粮食。这都是古代昆明人在对当地多种野生鸟类细心观察后的杰作。

当然，鸟在中华大地上可考的历史就更早了。20世纪90年代在辽宁西部北票市上园镇发现的鸟化石——孔子鸟，被考古学家鉴定后认为其生存于距今约1.2亿至1.3亿年前的白垩世早期。这是目前已知除德国始祖鸟之外世界最原始的鸟类之一。

有朋友会问：今天观鸟究竟要看什么？

的确，本书所说的"观鸟"也按照国际上通行的做法，将其归类在博物学范畴。而且，它和一般人所理解的"看见鸟"并不相同。在我看来，这里讲的观鸟，是当前越来越受欢迎的一种大众休闲生活方式，通过有目的地观察各种野鸟的觅食、求偶、鸣唱、争斗、飞翔等行为，获得身心愉悦，不断增长鸟类相关知识。往更深一层讲，我认为还应包括以下几个方面。

1. 识别各种各样的鸟类，了解鸟的特性

鸟，它不只是我们平常在树上、空中看到的那样简单。

和大多数人一样，在没有爱上观鸟之前，我对鸟的种类、

飞翔的苍鹭↑

特征、名称、习性等知之不多。经过打鸟实践和阅读鸟类有关书籍资料，才了解到这里面大有文章。

所谓鸟，通俗讲：它是一种长满羽毛、多数靠飞翔生活的的卵生脊椎动物。专家认为，鸟的主要特征是：身体呈纺锤形或梭形，大多数靠飞翔生活。根据鸟的形态和结构特征，动物学家将其分为古鸟亚纲和今鸟亚纲等。古鸟亚纲的种类早已灭绝，只有化石标本，称始祖鸟，是从古爬行类进化到鸟类的中间类型；世界上现存的鸟类都属于今鸟亚纲。

有的鸟类一年四季在它的生殖地区内生活、繁殖，不因季节变化而迁徙，称为“留鸟”；还有些鸟类每年春季由南向北、深秋由北向南按时迁徙，这种鸟叫“候鸟”。

那世界上到底有多少种鸟呢？很难也似乎无法做出一个准确的统计。美国著名观鸟学者戴维·艾伦·西布利在其《何

↑神鸟酒红朱雀

以为鸟：西布利的鸟类世界》中记述道："目前科学界普遍认为全球现生的鸟类约为 11000 种。"澳大利亚新南威尔士大学的一项研究表明，在我们人类生活的这个蓝色星球上有 9700 个不同的鸟类物种，鸟的总数多达 500 亿只。而截至 2023 年，全球人口约为 80 亿。

我国是一个鸟类资源丰富的大国，而且数量一直处在变化之中。

查阅相关资料记载得知，1964 年至 2000 年，我国鸟类的种数增加了 104 种。自 2000 年以来，我国鸟类的种数仍然持续增加。

2021 年湖南科技出版社出版的《中国鸟类观察手册》显示，我国有野外记录的鸟类物种已经刷新到 1491 种。

当你爱上观鸟、拍鸟后，经历了野外一次次观鸟、拍鸟的过程，观察它们的觅食、择偶、繁育、争斗等，就可以不断识别各种鸟类，认识与了解关于鸟的各种知识，比如知晓鸟的种类与特性，学习区分猛禽、涉禽、鸣禽，学会许多鸟名的生僻字，如"鸑""鸭""鸫""鹮""鹛"等。

2. 通过鸟的生境，实地感受人与自然的关系

大自然中的鸟类，出于自身生存的需要，它们生活在不同的生态环境中，对生态环境有着不同的要求。而且，生态环境越好，对鸟类的生存与保护就越好，对鸟的繁殖与生长也就越有利。

然而，这些美丽可爱的小精灵如今正面临着极为严重的生存危机。

据媒体报道，科学家们估计，在过去的 2 亿年中，平均大

约每100年有90种脊椎动物灭绝，平均每27年有1种高等植物灭绝。然而，因受人类干扰的加剧，鸟类和哺乳类动物灭绝的速度提高了100至1000倍。此外，在过去的1600年里，有记录的高等动物和植物已灭绝724种。

全球鸟类生存状况也日益引发担忧，从热带地区至两极地区，地球上一些鸟类物种的数量正呈现令人担忧的下降趋势。

某鸟类保护组织的调查显示，非洲大陆的鹰、秃鹫和其他猛禽的数量也逐渐减少，北大西洋海鸦和海鹦的聚居地正在逐渐消失，西半球红腹滨鹬等岸禽数量也急剧减少，南极洲的一些企鹅因食物匮乏而面临饿死的危险……

早在2004年，由超过100个国家和地区的鸟类协会和自然保护组织组成的国际鸟类联盟在发布的《世界鸟类状况》报告中指出，由于无节制的农业扩张和不可持续的森林开采方式，全球约有1211种鸟类面临灭绝。有关专家认为，大约每十年都会有一个鸟类物种灭绝。

这份报告指出的鸟类生存危机确实令人触目惊心：全球几乎每个国家和地区都有一种或一种以上鸟类面临灭绝；在鸟类濒临绝种的原因中，栖息地被破坏和改变占60%，人类捕杀则占29%。其中95%的信天翁、60%的鹤类、29%的鹦鹉、26%的野鸡和23%的鸽子已经濒临灭绝；有966种受到全球性威胁的鸟类每种已不足1万只；502种鸟类每种已不到2500只；最为危险的77种鸟类每种已不足50只。

一些科学家郑重警告，如果不及时在世界范围内采取保护措施，伴随着温室气体持续排放至大气层，海平面逐渐上升，未来，人类很可能再也听不到鸟类的叫声。

所以，通过观鸟、拍鸟，能让人们切实认识到如此严峻的现实，将使更多的人珍惜爱护生态环境，珍惜爱护鸟类，加入呵护身边的鸟类与鸟类共同的生态环境行列中。

3. 从鸟性反观人性

鸟与人都是自然之子，都是动物，自然有一些相同的属性。

如果你有过一段时间的观鸟经历，只要细心观察，就不难发现在鸟的行为举止中，可以看到人类本性的影子。从某种意义上讲，我认为鸟其实可以被视为人类的一面镜子。

在鸟界、鸟类的社会里，既有美丽可爱的一面，也自然有丑陋不堪的表现。

2023 年 7 月中旬的一天，正是盛夏时节，我和两位鸟友长途驱车来到地处滇西的保山市青华海国家湿地公园打鸟。虽然正值雨季，天气不好，但为了拍摄到国家二级重点保护野生动物水雉，我们还是在湖边靠近开满睡莲的地方架起了三脚架，守候水雉的出现。

记得到下午 2 点左右，小雨变成了中雨，我们不得不撑起雨伞以保护相机。

云南有一则民谚：“遇雨便成冬。”因为就在青华海湖边，天又下着雨，气温骤降，我们明显感觉到了寒意。而下雨前，我已经用长焦镜头拍到了在那片睡莲生长的水域活动的水雉，还拍到了两只毛茸茸的水雉雏儿。

以往，我们通常看到的是母鸟喂食幼鸟的瞬间，感受的是鸟类的母爱。

这次，让我大感意外且特别感动的是，水雉繁育后代与其他大多数鸟儿不同，雌水雉对后代的抚育并不负责，而由雄性水雉担起了孵蛋、抚养雏儿的重任。

那天，我透过照相机镜头注意到，两只小水雉跟在水雉爸

↑阴雨中水雉爸爸和两只幼崽

爸身后在水中觅食，当雨下大后，水雉爸爸便找到一处睡莲蹲下，张开两只翅膀，两只小水雉就依次钻到它翅膀下面，由水雉爸爸为它们遮风挡雨并送上温暖。这样的感人场面，那天雨中反复出现了多次，让我真切地看到了鸟类也存在着“如山的父爱”！

在观鸟过程中，最吸引人的是鸟儿漂亮的羽毛、优美飞翔的姿态，最动人的是它们婉转悦耳的鸣唱。

但是，切记，鸟如人，还有另外一面。记得古训《增广贤文》中有句名言说“人为财死，鸟为食亡”，用 8 个字精辟地概括

为育儿捕到了螳螂的纯色山鹪莺↑

了人性与鸟性。鸟儿从诞生后，其主要目的就是为获取食物而进行一切能够进行的努力。为了确保食物，它们也会划分自己的领地，同类之间会互相打斗，同样会以大欺小、恃强凌弱。

我在拍摄过程中，就多次用镜头抓拍过鸟儿为了抢夺食物而争斗的瞬间，比如两只紫啸鸫互相打架、几只喜鹊在山中围攻红隼、凤头雀嘴鹎啄咬驱赶比它小很多的绣眼鸟、一群喜鹊在滇池边围攻白腹鹞，等等。从中，可以真切地感受到“丛林法则”是那样的残酷与现实。

反观人类自身，古今中外，人与人之间、国与国之间，为了金钱、土地、财物等，不一直都存在着恃强凌弱、以大欺小乃至残酷战争的现象吗？

那么，从自然界中鸟儿暴露出来的本性中，人类是否可以反省自身、汲取一点教训呢？

4. 提高自己对自然之美与生命之美的认知

这是 2023 年 12 月的一天。

为了拍摄滇池之滨的猛禽白腹鹞，我和另一位鸟友起大早，从昆明市区驱车一个多小时，来到了晋宁区滇池边的一片湿地。

当我们抵达时，正是早晨 8 点钟，太阳刚刚升起，湖面泛着蓝色的光芒，附近湿地的一片水杉树已经染红。远山、枯树、红杉、农田、飞翔的海鸥，宛如深秋般的滇池冬景……构成了一幅唯美的山水画卷，是那样令人心旷神怡！

那一瞬间，它将我昨夜失眠带来的萎靡一扫而空，我的心情顿时大好。

其实，我国古代的先哲早就认识到了观鸟与自然之美，并用花鸟画将其进行了优美再现，如宋徽宗的《写生珍禽图》。

为了更好地感受观鸟之美，不妨回味一下，那些从古代流传至今、脍炙人口的著名诗句。

唐代李白《清溪行》：人行明镜中，鸟度屏风里。

唐代王维《鸟鸣涧》：月出惊山鸟，时鸣春涧中。

唐代柳宗元《江雪》：千山鸟飞绝，万径人踪灭。

唐代贾岛《题李凝幽居》：鸟宿池边树，僧敲月下门。

唐代张志和《渔歌子·西塞山前白鹭飞》：西塞山前白鹭飞，桃花流水鳜鱼肥。

宋代苏轼《蝶恋花·春景》：燕子飞时，绿水人家绕。

南宋吴潜《鹊桥仙·扁舟昨泊》：暮鸦木末，落凫天际，都是一团秋意。

明代杨慎《滇海曲》：孔雀行穿鹦鹉树，锦莺飞啄杜鹃花。

元代马致远《天净沙·秋思》：枯藤老树昏鸦，小桥流水人家。

清代龚自珍《金缕曲·癸酉秋出都述怀有赋》：暮雨忽来鸿雁杳，莽关山、一派秋声里。

在已经步入小康社会的今日中国，追求美好生活成了全国人民的共同心愿。

作为一种国际化的休闲旅游方式，在大自然里观鸟，亲身体验自然之美，已经在神州大地蔚然成风。

何谓大自然之美？

在我看来，大自然之美是天地之美，山水之美，树木之美，花草之美，花鸟虫鱼之美。唯有走进大自然，置身大自然，融入大自然，才能领略大自然之美，而观鸟恰恰为我们提供了这样亲近大自然的上佳机会。

当我们走出家门，走出办公室，离开高楼密布、嘈杂喧闹拥堵的城市，背上行囊，拿起相机与望远镜，走向高山森林，走近江河湖泊，走进乡村，在蓝天下、阳光里，呼吸着清新的空气，在一旁静静地观察小鸟的栖息、觅食和飞舞，聆听鸟儿的悦耳鸣叫声，放下生活里的一切烦恼，放松终日紧张疲劳的身心，激发对大自然的热爱，真正领悟生命的真谛，那是一种何等美妙的享受呀！

因此，为了永远留住鸟与人类共同的家园，留住大自然之美，我们一定要保护好大自然。

此外，还值得一提的是，观鸟其实也是一种文化活动，有助于我们更好地认知与理解鸟文化。

我国的鸟文化从古至今可谓源远流长，世界各国的鸟文化也的确是多姿多彩。然而，只有当我们加入观鸟大军行列中，亲身体验了对大自然中鸟类的观察与拍摄，不断增长有关鸟类的各种知识，我们才能真正懂得并理解鸟文化。

↑在花丛中觅食的蓝喉太阳鸟

比如，在古代中国，人们对凤凰、毕方等神话鸟类形象很崇拜，借鲲鹏、鸿鹄等意象寄托志向，把鹤、孔雀等某些鸟视为吉祥的象征，厌恶乌鸦、猫头鹰等一些鸟并视其为不祥之兆。我国最古老的诗歌总集《诗经》在《商颂》中这样吟唱："天命玄鸟，降而生商，宅殷土芒芒。"有专家考证说，这里说的"玄鸟"可能指的就是黑色燕子，古人视其为神鸟。

如今，在观鸟实践中，鸟友们就可以通过自己的切身感受来和古人用文字、书画记载的鸟加以对照观察。

以我打鸟的体会来看，虽然早年上学读书时就知道了古人眼里神鸟“朱雀”的名字，但直到近些年我实地几次见到并拍下了普通朱雀、酒红朱雀和血雀的照片后，我才真切地了解了朱雀到底是一个怎样的存在。

可以不夸张地说，观鸟将为我们打开一扇通往自然界鸟类宝库的大门，把千姿百态的各种可爱而美丽的鸟儿呈现在眼前，并同时奉上五彩斑斓的鸟文化，让人美不胜收、流连忘返，从而乐在其中！

冬季昆明大观河畔遮天蔽日的红嘴鸥↑

第二章　观鸟人应有的修养

如今，观鸟在许多情况下是自发、自主的个人行为，但这样看上去是个人的行为却事关方方面面。

鉴于观鸟活动蓬勃发展，事关鸟类生存及生态环境的户外活动，而且在以往的观鸟活动中多次出现了惊吓、干扰鸟类正常活动、猎杀鸟类等乃至违法的行为，我觉得有必要专门谈谈观鸟人应当具备的修养。

或许有人说："不就是看个鸟吗？有必要小题大做吗？"

坦白讲，很有必要。随着观鸟活动在全国各地的广泛开展，一些人观鸟时的不文明行为已经产生了很不好的影响，有的很恶劣甚至触犯了法律。

先以在昆明观赏红嘴鸥为例。

红嘴鸥是昆明市民的老朋友，也是昆明冬天最亮丽的一道风景。然而，不文明观鸥行为却屡次出现。目前，红嘴鸥不属于国家一二类保护动物的范畴，捕猎或伤害红嘴鸥虽然还不足以构成犯罪，但红嘴鸥作为有益、有重要经济和科学研究价值的"三有动物"，已受到有关法律法规的保护。

虽然已经过去了多年，但不少喜欢红嘴鸥的昆明人仍然记得那起轰动一时的"外地游客虐鸥"事件。

2014 年 12 月，一位来自哈尔滨的游客在昆明滇池之滨海埂大坝观鸥，抓住一只红嘴鸥并折断其翅膀，在被市民制止、离开一段距离后，他又返回试图捡起地上受伤的红嘴鸥，准备藏在帽子里带走，还扬言"要带回去尝尝野味"，受到舆论及大众的一致谴责。昆明市森林公安局依据云南省野生动物保护

红嘴鸥 ↑

条例相关规定，赶赴哈尔滨，对该违法行为人处以行政罚款 5000 元。

据昆明相关媒体报道，2017 年 11 月 14 日至 18 日，短短 5 天时间，昆明海埂大坝就出现了 4 起抓鸥拍照事件。

鉴于强行抓鸥留影、放飞无人机、放风筝、放鞭炮等行为都会伤害红嘴鸥，昆明市有关部门决定从 2023 年 11 月 1 日起施行新的昆明文明观鸥规定，对违反规定，有故意侵扰、惊吓、驱赶、伤害红嘴鸥行为的，由有关行政主管部门责令改正；拒不改正的，处 50 元以上 500 元以下罚款。

类似的不文明观鸟现象不仅仅发生在昆明，国内其他地方也时有发生。

另据《中国环境报》2023 年 3 月 15 日报道，三月的北京春意越来越浓，颐和园、官厅水库、翠湖湿地、南海子公园、

↑在云南观鸟

野鸭湖湿地、金海湖等地陆续有天鹅飞来落脚，少则几十只，多则二三百只。天鹅所到之处，吸引大批市民围观和拍摄。

然而，也有部分北京市民出现了不文明的观鸟行为。现场有游客向水里扔石子，惊扰了天鹅；有游客胡乱投喂食物……不文明观鸟的虽然只是少数人，但此类现象着实令人担忧。报道指出，喜爱鸟类等野生动物是人类的天性，但这种喜爱倘若扭曲成侵扰，就会造成种种负面影响和不良后果。

鹤舞清晨 ↑

因此，为了更好领略无数鸟儿的飞翔之美、自由之灵，更好地感受人鸟相依、人与自然和谐相处的美丽画卷，并在观鸟的同时尽情地享受自然界天蓝、地绿、水净、空气清新的无限风光，所有观鸟爱好者都必须讲究观鸟人的个人修养。

这里，不妨来看看各地的一些有益观鸟的做法。

据报道，河北省秦皇岛市北戴河作为一个“观鸟圣地”，中外鸟类学家在这一带的湿地上已发现鸟类 412 种，其中国家级重点保护鸟类达 68 种。早在 2013 年 6 月，秦皇岛市文明办与秦皇岛晚报联合发出《做“观鸟圣地”的守护者》倡议后，引起全国网友、专家和鸟类保护组织的关注和赞扬。

在河南省，2021 年 1 月 24 日，河南省环保联合会、河南省野生鸟类观察学会、河南省生态文明联合促进会发布了“用心爱鸟、文明观鸟、共同护鸟——致郑州市民及广大疣鼻天鹅爱好者的倡议书”，倡议真心爱鸟，文明观鸟，规范拍鸟，共同护鸟。

在深圳，当地的深圳湾是候鸟重要栖息地，每年 9 月到次年的 4 月，大量的候鸟将会飞至深圳湾公园海域内过冬或者休憩。为了向市民传递正确观鸟、爱鸟护鸟的理念，劝阻“投喂及投掷鸟类”等不文明观鸟行为。还开展了“文明观鸟，禁止投喂，万人签名活动”，同时招募了上千名志愿者，分发“护鸟蓝袖标”，组建千人护鸟队，共同传递正确的爱鸟理念。

2020 年 3 月，中国野生动物保护协会生态影像文化委员会和鸟网联合开展了以“爱鸟护鸟，从你我做起”为主题的签名活动，并倡议自觉规范野生鸟类摄影行为，文明观鸟。

有句话说得好：“同在蓝天下，人鸟共家园。”地球是人类共同的家园，野鸟是人类共同的朋友。鸟既是我们这一代人的，也是子孙后代的。保护野生动物确实人人有责。所有人都应当牢固树立对世间万物和各种生灵的敬畏之心，让这些美丽的小天使拥有一片自由、宁静、安全的天地。

在我看来，要真正做到文明观鸟，应该做到以下几点：

第一，要像尊重他人一样尊重自然界的各种野生鸟类，平等对待一切生命。

第二，要学习遵守国家及各地有关野生动物保护的法律及法规，守法观鸟。

第三，在观鸟现场，不大声喧哗，放轻放慢脚步，轻拿轻放三脚架、水杯等器材，将手机一律调为振动或静音状态，尽最大努力不干扰鸟类，不影响其他观鸟者。

第四，不可为了个人拍摄观察方便而折断遮挡视线的花草树木、破坏环境和鸟类栖息地。

第五，不为了拍摄“飞板”而故意驱赶、惊吓鸟类。

第六，不在观鸟地随意丢弃垃圾，避免污染当地环境。

第七，去远山野外观鸟，不穿戴易惊扰鸟类的色彩鲜艳的衣帽，要穿轻便的户外运动鞋。

第八，要尽量结伴而行，观鸟爱好者之间应互助友爱，注意安全。

第九，务必了解尊重当地风俗，维护团结。

总之，观鸟拍摄时要充分尊重鸟类的自然属性，大力倡导在鸟的自然和自由状态下拍摄，尽力以规范且专业的形式记录与呈现鸟类的美丽。

让我们每个观鸟者都行动起来，从自身做起，从现在做起，做一个文明守法的爱鸟者、观鸟者、护鸟者。

这里，为大家奉上我一次在拍摄苍鹭时写下的《家园》小诗，与大家共勉：

自诩万物灵长的人呀，
请放平你的身段；
在造物主面前，
人鸟生命无分贵贱；
同为自然之子，
这本是我们共享的美丽家园。

第三章　观鸟前的准备

开展观鸟活动，需要认真做准备吗？

回答是肯定的，而且要做精心的准备，因为观鸟涉及方方面面。

有两句老话用在这里特别合适：一是工欲善其事，必先利其器；第二句话是不打无准备之仗。其意思都是说做任何事情事先都要有所准备，有的甚至是精心准备，而且为了取得事半功倍的效果，必须把相关的准备工作做好。

一是身体准备。

首先说一下身体的准备。没有一个比较健康的身体，显然是无法胜任户外特别是远山野外观鸟活动的。

简而言之，开展观鸟活动需要观鸟者四肢健全，身体健康。

为什么特别要强调身体要健康？因为观鸟需要我们走路、爬山，甚至涉水等，要在野外长时间站立等候，经常会受到日晒、风吹、雨淋，难免处在酷热抑或寒冷乃至冰天雪地的环境之中，这对观鸟者身体条件的要求就比较高，必须要有能够承受这些艰难困苦状况的身体。

尤其是在云南观鸟，许多鸟儿出没的地方都是高海拔山区，不少外地鸟友会有高原反应。即使是像昆明这样鸟类资源丰富的城市，平均海拔也在 1800 米以上。一些从低海拔平原地区来的朋友，往往会因为海拔高而产生身体上的不适，所以一定要确保自己能够适应高海拔地区的野外活动，以免发生意外。

特别要求腿脚灵便，能走路能爬山。参与野外观鸟活动的人，最好没有什么影响行动的严重疾病。就老年朋友而言，如

晨雾缭绕的轿子雪山↑

滇西北的崇山峻岭↑

果身患一些基础性疾病、慢性病，比如高血压、糖尿病等，参加户外观鸟活动的前提应该是通过药物将自己的病情控制得较为稳定，确保不会在外发病，也不会影响在野外行走。

对这些罹患慢性基础病的观鸟爱好者来说，出行前最好咨询医生并一定要随身携带好必备的相关药物，能保证用随身药物控制住自己的身体疾病。

心肺功能差，有较重心脏病、哮喘者，膝关节有伤病者以及患有其他易发作严重疾病的人，为了确保安全，都不应参加野外观鸟活动。

观鸟还特别需要有好眼力，能有一双明亮的眼睛最好。如果是近视、老花眼，那也一定要佩戴合适的眼镜，这样才能确保你看得到鸟，看得清鸟，然后才能聚得准焦，拍得清楚。

此外，出远门观鸟前，如果身体忽然发生了较重的病症，应该及时就医，痊愈后再去远足观鸟，万不可犯病出行，以免小病拖成大病、重病。

二是相关器材的准备。

户外的鸟类经常相距比较遥远，有的在树上，有的在天空，有的在远处某个建筑物上。为了不惊吓干扰到野鸟的正常生活，观鸟者必须与鸟儿保持相应的安全距离，单凭自己的肉眼常常是很难看得清的，这就需要借助相关的器材，比如望远镜、配长焦镜头的照相机，等等。

望远镜这个比较好办，可以花几十元到数百元这样相对低廉的价钱买到，但是对还要拍摄野鸟（打鸟）的观鸟爱好者来说，对照相器材的要求就更高一些。

比如对喜欢拍摄鸟类的观鸟爱好者而言，对摄影器材装备的要求更高，投入要更大，一套比较好的摄影器材装备往往需要数万乃至十余万元，而这又恰恰是相当一部分普通观鸟爱好者所难以承受的。

要想拍摄出好的鸟类照片，自然需要选择合适的器材。一般来说，长焦镜头是打鸟的首选，因为它可以让你在不惊扰鸟儿的情况下，拍摄到鸟儿清晰的照片。此外，一台能高速连拍的相机也可以帮助你捕捉到鸟儿捕食、起飞等一个个精彩瞬间。

那些经济承受力比较低，又想加入观鸟打鸟行列中的人该怎么办呢？可以选择价格相对低廉，随身携带轻便的一体化数码机，比如我用过两三千元的尼康B700，六千多元的尼康P1000，这两款便携机价格只有几千元，大家一般都能承受得起，可以作为学习观鸟初期的入门练习机、过渡机，佳能、索尼、富士等品牌的相机产品中也有类似价格低廉的一体化便携相机。当然，这样轻便低廉的一体化照相机，只能是满足最基本、最低的拍鸟需求。

有人或许要问："价钱便宜、一体化的便携数码相机真的能拍鸟吗？"从我个人及其他一些鸟友的实践看，可以在没有太多钱购置高端摄影装备及某些特殊情况下能简便地应付。我2019年到保山百花岭现场采访该村村民发展观鸟游脱贫致富时，就只携带了家人为方便旅行使用的尼康B700便携机，用它在观鸟棚中拍摄了一些"呆鸟"照，并配合我写的长篇文字报道发表在报纸、微信、微博上，效果还可以。

这里，我想对那些刚爱上打鸟又为价格高昂的专业设备而囊中羞涩发愁的影友们说几句心里话。

第一，一定要量财力而行。如果不是像某些高收入人士或做生意的老板钱多得不知怎么花，只是个普通工薪族，要买房买车，还要养儿育女及养老，或者是中小学生，那就千万不要去把辛苦挣来的大把钱砸在追求"高大上"专业相机上。

第二，不要为虚荣心所害。一些影友认为买个几千元的便

↑打鸟用的各种专业照相机

携照相机打鸟会被人家笑话“不专业、业余”等，所以不计后果地高投入，导致“败家”，从而带来诸多不良后果。那样，就会完全违背了玩摄影的本来意义：那就是追求快乐的美！特别提醒，千万不要当盲目的“器材党”。摄影最重要的是脑子，不是装备。我见过一些挎着“长枪短炮”专业相机的，他们拍出的片子很一般，甚至还不如有人用“业余”机子拍得好！须知，在摄影日益普及的今天，真正意义上的摄影大师、摄影家屈指可数！何况，在一些摄影实践中，国内外已经有不少人用手机拍出了专业级的大片！

第三，应根据自己对画质的真正需要，确定买相应的相机。诚然，便携长焦机的画质的确不如专业相机。但如果你不是专业摄影师，不是为了商业需要（比如拍片卖钱）而追求高或超高画质，只是发个微信朋友圈乐一下，那就完全没必要不顾自己的收入去买非常昂贵的专业相机，有个几千元的便携长焦机练练手足够用了。学生群体更要量力而行，待用“业余”相机练习得比较熟练并且资金允许时，再换专业相机也不迟。

第四，打鸟机要够得着才是硬道理。实际打鸟中，包括我在内，经常遭遇到这样的尴尬：看着很远处某种难得一见的野鸟，自己600定、800定的镜头都显短了，力不从心！这时技术再好、出片画质再高也是白搭，因为你根本够不到、拍不了。而600定、800定的专业头那还要数万乃至十万元！所以，野外拍摄时，应先确保够得着、拍得到才是第一位的。而大倍数变焦、价钱数千的长焦一体机子，比如尼康P1000（24-3000的变焦），在面对远距离鸟时就能大显身手了。两相对比看，这个经济账，只要脑子正常就都能算明白。大家熟知的那句“不管白猫黑猫，抓住老鼠就是好猫”，说得正是这样的道理！

应该指出的是，要想追求更高画质、更高连拍速度和更专业的拍摄（包括高清视频）功能，这些便携机显然满足不了这些要求，而必须选购动辄数万元的专业微单数码相机及可拆卸换装专业镜头了，比如400定、500定、600定、800定，甚至1000定的定焦头，或者100-500、150-600、200-800专业变焦头，这些投入就相当大了，佳能、尼康等品牌中有的专业定焦镜头一支价格就高达10万元以上。需要你个人有很高的经济实力，必须量力而行，量入为出。

另外，在购买摄影装备时，最好找有经验的鸟友、摄影师或者照相设备器材店多方咨询，尽量少走弯路，少花冤枉钱。在摄影器材投入上，许多影友、鸟友都走了很多的冤枉路，花了不少的冤枉钱，包括我本人在这方面也付出了很多，花了一些冤枉钱，当然了，这也是正常的，甚至是摄影水平提高的代价。

我现在经常使用的一套观鸟摄影器材是佳能EOS R7，同时配佳能的 RF 卡口 100-500 的变焦头，这套设备配下来要三万多元，加上三脚架、高速存储卡，基本上可以控制在四五万元以内。佳能 EOS R7 虽然是半画幅微单相机，但它目前是半画幅微单相机当中的旗舰型，拥有 3150 万像素和每秒 30 张高速连拍的性能。而且我最喜欢的是它也具有鸟眼追焦功能，拥有把 RF100-500 变焦头变成最远端可达 800 毫米长焦头的功效，这在野外拍摄时非常实用，与花大钱买个佳能 800 定焦头比真的是可以少花很多钱还能办大事。

三是一定的知识储备。

我向来认同“活到老学到老”这句话，而且自己尝到了一直坚持学习的甜头。

因为要搞好观鸟拍鸟，非常需要一个人具备较好的综合素质。

事实上，不论你拥有何种学历，即便是有博士学位，但只要你不是专业鸟类研究者，对我们大多数普通观鸟爱好者而言，在开展观鸟活动前和活动中，都需要学习各种知识，尤其是要不断学习许多与鸟有关的知识，比如要学习国家有关保护野生动物的法律法规，通过购买相关观鸟书籍等，了解常见鸟类基本知识。

为了把鸟片拍好、拍美，也特别需要提高我们的审美水准。

还要能掌握一些常用的电脑或手机后期处理照片的能力，方便打鸟归家后能便捷地处理外出拍摄的大量鸟照。

所有这些，都需要我们多看书学习。

英国大文豪莎士比亚说：“书籍是全世界的营养品。生活里没有书籍，就好像没有阳光；智慧里没有书籍，就好像鸟儿没有翅膀。”

在当今这个信息爆炸、科技快速发展的时代，学识和眼界日益成为衡量一个人成就高低的重要标准。必须认识到，学识

"人欧和谐"在昆明↑

是知识的储备，眼界则是认识世界的广度，两者相辅相成。

通过看书学习我们可以了解鸟的名称、种类，还可以知晓鸟的习性特点，这样我们在实际观鸟和拍摄活动当中，才更加具有针对性，可以少走弯路，实现精准观察，精准拍摄，大大提高观察拍摄成功率。

最后，顺便提醒一下，除了上述准备，出远门到野外观鸟拍鸟，还要准备好合适的衣服鞋子，比如尽量不穿色彩鲜艳的外套，要穿能适应山路湿滑路段、对脚踝有保护作用的鞋子，要备有必要的旅行用药品、方便食品、雨具、防晒品等，带好个人证件与钱，带足相机电池、存储卡，等等。

第四章　为什么要到云南观鸟

假如你爱上了观鸟或正在准备加入到拿着“长枪短炮”打鸟大军行列中的话，就必须到地处我国西南部的云南省。

观鸟为啥非得到云南？那些还没有来过云南观鸟的人或许还有着这样那样的疑问。

在多年前我还没有开始打鸟之前，也曾有过同样的疑惑。

2019 年 3 月 28 日上午 8 时许，在云雾缭绕的高黎贡山中，身为记者的我第一次走进保山百花岭一处山坡密林中的鸟类观察点（当地村民称其为“鸟塘”），现场观摩和感受什么是观鸟及怎样打鸟。

那天上午，在大约一两个小时的短暂体验时间里，我用随身携带的尼康 B700 小数码相机首次拍了大仙鹟、栗臀䴓、黑头奇鹛、大拟啄木鸟、蓝翅希鹛、锈额斑翅鹛、红翅薮鹛、银耳相思鸟等。

在现场体验观摩时，我就了解到有来自黑龙江、北京、浙江、广东等地的鸟友，专程赶到这里观鸟、打鸟。看着他们使用的都是专业照相机配 600 定焦或 150-600 变焦等长焦镜头，听着“咔嚓咔嚓”的快门声，我就在想：他们为什么要带着佳能、尼康、索尼等知名品牌且比较贵重的专业相机，千里迢迢地到云南西部的高黎贡山中拍鸟？

自那时起，因几十年记者生涯而养成重观察爱观察职业习惯的我，无论是在昆明、西双版纳，还是在保山、德宏、大理等地，不断地看到来自国内各地乃至外国的鸟友纷至沓来，都齐聚到云南打鸟。

大家都直观地感到云南鸟多，还有许多美丽的珍稀鸟，至于为什么，就说不出来了。

的确，被誉为“动植物王国”的云南是名副其实的“鸟之天堂”“鸟之王国”，是我国生物多样性最丰富的省份，也是许多物种的起源和分化中心。

我们知道，任何一个物种的生存都需要有合适的生态环境，人类如此，鸟儿也是一样。那么，大自然为鸟儿在云南大量生长、栖息创造了怎样的客观条件呢？按照鸟类研究专家的说法，云南处于世界两大自然地理区（古北区和东洋区）的交会处，是全球鸟类物种的起源地之一，还是南亚和东南亚鸟类进入我国以及北亚部分地区的一个重要门户。

从云南省政府官网可知，云南地处我国西南边陲，简称“滇”。从在地球上的地理位置看，云南省位于东经 97° 31′ 至 106° 11′，北纬 21° 8′ 至 29° 15′ 之间，北回归线横贯全省南部，属低纬度内陆地区。云南不仅与我国的四川、贵州、广西及西藏相连，还与东南亚的缅甸、越南、老挝三国接壤，

普洱太阳河国家森林公园里的植物活化石——桫椤↑

成为我国通往东南亚、南亚的窗口和门户。

全省总面积居全国第 8 位，达到 39.41 万平方千米。

如此独特的地理区位形成了“多山、多水、多树、多样气候”的“四多”自然特征。

一是多山。外地游客行走云南，不论是自驾车还是坐动车，不论是高速公路还是铁路，看不到像我国华北、沿海地区那样常见的一马平川的大平原，总感觉是在一座又一座大山里转悠、连续不断地进出山中隧道。为什么会这样呢？因为山地占了全省总面积的 88.6%，地势呈现西北高、东南低，自北向南呈阶梯状逐级下降。主要有高黎贡山、怒山、云岭、哀牢山、无量山、邦马山等。全省海拔最高点与海拔最低点高低差达 6000 多米。

二是多水。全省境内密布着许多大江大河和众多的高原湖

↑冬候鸟喜欢栖息的香格里拉草原

泊。有关资料显示，云南省内径流面积超过 100 平方千米的河流有 1002 条。著名的江河有金沙江、怒江、澜沧江、南盘江、红河、大盈江等，其中澜沧江、怒江、大盈江等还是流经东南亚国家的国际河流。拥有高原湖泊 40 多个，其中滇池、抚仙湖、洱海、杞麓湖、星云湖、阳宗海、程海、泸沽湖、异龙湖构成了云南著名的“九大高原湖泊”。

三是多树。多山的云南植被总体上是很好的，系全国植物种类最多的省份，分布有热带、亚热带、温带、寒温带等多种植物类型，因而享有“植物王国”的美誉。全省森林面积已经超过 2392 万公顷，森林覆盖率为 65.04%。

四是多样的气候。有关专家认为，以亚热带高原季风型气候为主的云南，有着鲜明的立体气候特点，而且类型众多，气温随地势高低垂直变化异常明显。从寒带、温带，到热带、亚热带气候都有，而且时常呈现同一天内早晚凉、中午热，昼夜温差大，尤其是冬、春两季，日温差可达 12℃至 20℃。2024 年 2 月 18 日，已经立春半个月，我在属于热带亚热带气候的盈江县犀鸟谷拍摄双角犀鸟时，上午 9 点以前气温只有 8℃，身上穿了一件羽绒服加 T 恤、夹克，还觉得被江风吹得很冷，到中午 12 点气温升到 16℃，直到下午 5 点才攀升到当日气温最高点 25℃；3 月 20 日，我在保山百花岭一处海拔约 1700 米的山林中拍鸟时，早上 7 点的气温只有 11℃，到下午四五点钟后才升到当天最高值 23℃，到深夜又下降到只有 8℃。“一山分四季，十里不同天”，在云南是一个普遍而显著的气候特点，所以，到云南各地山中打鸟，往往需要准备冬衣、秋衣、夏衣等几套衣服，以应对不同山地、不同时间段的气温变化，不然就会感冒生病。

正由于具备了上述“四多”的自然条件，所以，多种多样

↑高原明珠抚仙湖

↑洱源茈碧湖湿地之秋

的鸟儿都乐意把云南当作自己最喜欢的家园。

因此，云南自然而然就成了南亚、东南亚和北亚、中亚鸟类的重要陆地迁徙通道。

那么，神奇而美丽的云南到底有多少种鸟儿呢？

说法不一，至今没有、未来也很难有一个确切的统计数据。

2017 年发布的《云南省生物物种名录——鸟类》记录鸟类 945 种，约占我国鸟类的 70%。

中国新闻网 2020 年 4 月 2 日以“云南官民携手营造‘鸟类天堂’”为题，报道称“云南省是世界重要的鸟类迁徙通道和越冬地。据统计，云南记录到的 1116 个种和亚种鸟类中，有 295 个种和亚种为冬候鸟和旅鸟”。

2021 年 12 月 8 日，昆明日报的手机客户端“掌上春城”在其一则“大咖小会！韩联宪：鸟类助力乡村振兴”的报道中，引用西南林业大学教授、云南省野生动植物保护协会秘书长韩联宪先生的话说：“中国有 1470 种鸟类，云南有 1010 种。云南的鸟类物种数居全国之首。中国记录的鸟类中，黑颈鸬鹚、黄嘴河燕鸥、黑顶蛙嘴夜鹰、双角犀鸟等 114 种只分布于云南。”

而 2021 年 10 月 12 日在联合国《生物多样性公约》第十五次缔约方大会（COP15）会议期间，在昆明举行了一次有关生态文明在云南实践的媒体见面会，作为嘉宾之一的中国科学院昆明动物研究所研究员杨晓君先生在会上向记者们介绍，最新数据显示，云南的鸟类物种数已超过 1000 种，占全国鸟类种数的 70% 以上，并且有 6% 以上的鸟类在我国仅分布于云南，云南鸟类种数占世界鸟类种数的 9% 左右。

云南鸟类的统计数字前后总会有一些出入。不难理解，野生鸟儿的数量始终在动态变化之中，而且会随着它们所在地生态环境的改善或破坏而相应地增加或减少。

在此，本书作者综合各种因素，选择赞同中国科学院昆明动物研究所研究员杨晓君先生的观点，即云南目前观察记录到的野生鸟类总计超过 1000 种。

最吸引众多鸟友的是，有相当一些鸟类尤其是珍稀鸟类只有在云南才能拍摄到。比如，云南西部德宏州盈江县石梯村所在的犀鸟谷，是我国唯一一处可以观察到 4 种犀鸟的地方。

像犀鸟这样的国家重点保护野生鸟类，在云南有 200 多种。

↑神奇的爱情鸟——双角犀鸟

在瑞丽发现的黑腹蛇鹈是我国目前仅见于云南的近危鸟种。

还需要指出的是，云南鸟儿的不断增多，与近些年来云南省不断加大保护力度、形成了野生动物保护管理法律法规体系、生态文明理念深入人心而使得生态环境持续改善有着直接的关系。

据报道，云南在全国较早制定实施《云南省生物多样性保护战略与行动计划（2012—2030 年）》，在全国率先颁布《云南省生物多样性保护条例》，先后颁布生物多样性保护工程、生物物种资源保护与利用、极小种群物种拯救保护、生态文明建设排头兵、重要生态系统保护和修复重大工程等系列规划计划，印发《关于进一步加强生物多样性保护的实施意见》。而且，令人为之振奋的是，自 1958 年建立第一个自然保护地——西双版纳自然保护区以来，云南省已建设各级各类自然保护地 362 个，全省 90% 的典型生态系统和 80% 的重点保护野生动植物物种得到了有效保护。

云南网 2023 年 2 月 3 日在“滇池湿地恢复成效明显植被覆盖率达 81%”中报道，经过十多年的生态修复和湿地建设，环滇池湿地植被覆盖率从 2007 年的 13.1% 提升到现在的约 81%，植物物种从 232 种增加至 303 种，鸟类从 89 种增加至 175 种，现有鱼类 26 种。再以西双版纳国家级自然保护区为例，经过几十年的努力，其面积已由 1958 年的 5 万多公顷增加到了现在的 24 万公顷，仅区内野生亚洲象数量就从 30 多年前的 170 余头增加至目前的 280 头左右。

正是得益于云南生态环境的日趋向好，云南的鸟儿特别是鸟友们眼中的好鸟也越来越多，七彩云南已经是名副其实的观鸟胜地。

第五章　我这样打鸟

为了让大家感受一下我具体是怎样观鸟、打鸟的，这里有我四次打鸟的案例。

1. 就这样掉进了“鸟窝”

说起我是怎样爱上打鸟的，还得感谢我以前的记者工作。

20 世纪 80 年代末，我进入北京一家央媒大报社做专职的文字记者。那时各家报社的文字记者与摄影记者是分开设立的。在那样一个大多数人月收入仅三四十块，还没有互联网、数码相机的年代，搞摄影门槛很高，因为胶片相机和胶卷都很贵，普通人大都玩不起。我也只是在采写文字报道之余，因为个人爱好，业余搞点风光和人文纪实摄影。

我真正开始了解打鸟摄影，始于 2019 年上保山百花岭对当地村民依靠观鸟游脱贫致富的采访。为了深度体验打鸟到底是怎么一回事，我决定在开展采写工作的同时，顺便去山中拍鸟现场感受一下。

那是 3 月 28 日的清晨，春寒料峭。

睡梦中，忽然依稀听见鸡叫声，惊醒一看表，才 5 点 25 分，外面还漆黑一片。

我已经度过了有生以来百花岭上的第一个高海拔山中的寒冷之夜。

为了一早就能守候拍鸟，我们于昨天赶夜路进山，住在了岭上。

大山深处百花岭的清晨↑

虽然春天到了，山下坝子里的温度已达25℃，但有着“一山分四季、十里不同天”的高黎贡山百花岭上，昨夜和今晨最低温度仅在8℃左右，早晚还是蛮冷的。

一面在暖热被窝里磨蹭赖床，我一边盘算着今天的“打鸟”计划。昨天下午，行走在保山市隆阳区永昌街道上，还遭遇了一场大雨。今天可千万别下雨呀，我在心里默默祈祷着。等到6时整，一想到要采访拍鸟，我便赶紧起床准备。正刷着牙，却隐约听见了雨声，开门一看，灯光下，果真有丝丝细雨在洒落，顿时心凉了半截，不禁暗暗叫苦，难道我的第一次高黎贡山拍鸟之行要泡汤了？

万幸的是，等我洗漱完毕，到7时发完微博，雨竟然停了。看来，老天还是很眷顾我的。

推开房间阳台的门，我大口呼吸着雨后林间的清新空气，一边远眺着云雾缭绕的山峦，看着峡谷里有炊烟袅袅升起，一边聆听着鸟儿在树林里欢唱，偶尔还传来几声狗吠，宛如世外桃源，确实令人心旷神怡。哦，这是一个多么富有诗情画意的山间早晨呀！

当表针指向 8 点，我赶忙按计划去吃早饭，一碗鸡蛋面条下肚，便和两位同伴在当地山民鸟导带领下，出发打鸟。打鸟，既是一个技术活，又是一个体力活，比如要有比较专业且沉重的机身、远摄镜头、户外装备，善于在极短的瞬间捕捉到野鸟的精彩画面，还要具备爬山、背负重装备、不怕吃苦的能力，等等。

一想到多年来，作为一个老资格的摄影发烧友，虽然不是专业打鸟者，但今天终于能在大名鼎鼎的高黎贡山实现我“拍野鸟”的夙愿，心里自然免不了有些小激动。

因为，这个被誉为“中国五星级观鸟胜地”的所在真是非同凡响！它是云南省面积最大的自然保护区，早在 1983 年就成为省级自然保护区，到 1986 年，又经国务院批准升格为国家级自然保护区。

作为青藏高原和印支半岛的南北生物走廊，面积广大的高黎贡山国家级自然保护区，地处云南省西北部的保山市隆阳区、腾冲市和怒江州泸水市、福贡县、贡山县境内，山势陡峭，峰峦叠嶂，以保护多种珍稀濒危动植物为目的，享有“世界物种基因库”“自然博物馆”“人类的双面书架”等美誉，被世界野生动物基金会列为“具有国际重要意义的 A 级保护区”，被联合国教科文组织确定为“世界生物圈保护区”。

最让各地众多“打鸟”、观鸟者兴奋的是，高黎贡山自然保护区又是世界各地观鸟、拍鸟爱好者逐梦的乐园！

我们所在的百花岭村是一个以傈僳族、白族为主的村寨，就位于高黎贡山东麓，海拔 1400 米左右。据保山市有关部门介绍，作为高黎贡山最早开发出来的观鸟大本营，区域内自然环境保护良好，物种丰富，迄今共发现并记录鸟类 343 种，分属 18 目、52 科，另有 4 亚科。其所记录鸟类总数约占云南省记录鸟类总种数的 43.3%。其中，属国家一级重点保护野生动物的有 5 种，属国家二级重点保护野生动物的有 33 种，被誉为“中国观鸟的金三角地带”。

今年 49 岁的白族村民杨富祥，身兼护林员和鸟导两职，骑着他的电动车在前面带路。

由于距我们在山里的驻地不远，不一会儿就来到了由他管理经营的 7 号观鸟塘。这是一个在密林中大树下为不惊扰野鸟而临时搭建的一个简陋棚屋，里面开设了几个通透的窗户，专门为各地鸟类摄影爱好者隐蔽架设相机、观察拍摄野鸟用。

杨富祥给我们分别安排好打鸟的机位，就转身到棚外去放置鸟食了。

“你们知道吗？这些野鸟喜欢吃苹果，而且最爱吃那种红富士脆苹果。”老杨一边在树枝上插红苹果，一边大声地对我们说。我看见他还朝比较平整的一片岩石地面上，撒下了一些鸟儿喜欢的玉米渣。

待一切准备妥当后，已经差不多是上午的 9 点钟了。太阳时隐时现，四周是高大茂密的森林。老杨站在撒有鸟食的树下，开始吹起了唤鸟的口哨。真是难以置信，在他的口哨召唤下，陆续有不同种类的小鸟飞来了。它们不停地上下翻飞、蹦蹦跳跳、叽喳叫着，有的落在树枝上啄食苹果，有的在地面上吃玉米渣，还有的在四下观望。

可惜我连一只鸟的名字都叫不出来。看到外地专门来打鸟的鸟友，用配着 600、800 定焦或变焦镜头的专业相机在那里“咔嚓”，我虽然当时并未带上有大炮头的专业照相机，也赶紧用随身携带的尼康 B700 便携长焦相机，抓紧机会，按下快门。

↑那天我用小便携相机拍的小仙鹟雌鸟

看到鸟儿已经出现，为了不打扰它们吃食，老杨及时退回到了观鸟棚。

“这是什么鸟？”我压低嗓音，打开相机显示屏，把刚抓拍到的一只鸟图给他看。

“这个呀，叫黑头奇鹛。”

在等鸟来的空隙，我们低声闲聊起来。

他告诉我们，全家共有6口人，两个女儿中老大已经结婚。为了建盖这个鸟塘，他花了五六千元，如今经营有6年多了。

我问他：“你以前打过鸟吗？”老杨笑了：“小时候，不仅用弹弓打过鸟，还砍过树呢！现在早就不干了，我是村里爱鸟协会的成员，护林员也都干了12年了。除了鸟塘收入，每月政府给我的护林工钱已经涨到了2300元。”

从打鸟、砍树，到爱鸟、护林，这是一个多么了不起的变化呀！如今生态保护意识在百花岭村民中早已深入人心。为促进当地的生态保护和帮助村子脱贫致富，保山市政府从 2016 年起连续 3 年举办国际观鸟节，百花岭的知名度越来越高，小山村也借机发展起了为世界各地来拍鸟、看鸟者提供住宿、餐饮、向导等服务的观鸟经济。

幸得棚屋遮蔽，没有惊动外面的野鸟，时间过得很快。

我运气不错，天气晴好，预报的中雨没有来，作为一个“菜鸟”，第一次在高黎贡山的打鸟淡季用小便携机拍摄，就在这么短的时间里，竟然也抓拍到了银耳相思鸟、黑头奇鹛、赤尾噪鹛、蓝眉林鸲、火尾希鹛、小仙鹟、红喉山鹧鸪、蓝翅噪鹛等 20 余种野鸟。当中午时分我们与杨富祥分手告别的时候，老杨说：“现在是春天，山顶上的雪都化了，来鸟塘觅食的鸟越来越少了。欢迎你们 11 月以后再来，那时候，山顶没有食物，来山腰、山下找食吃的各种野鸟就多了。”

从那次百花岭之行以后，我就开始关注打鸟并渐渐爱上了这件事。

2. 我在雪山追“太阳”

这真是一场迟来的“爱”。

第一次听说禄劝轿子雪山还是 20 世纪 90 年代初的事情。那时，我只搞风光与人文纪实摄影，国内还没有专门观鸟之说，也还没有数码照相机。彼时的禄劝彝族自治县是国家级的贫困县，但在发展教育方面却是十分重视，舍得投入。于是，时为某央媒记者的我便前去采访，写了一篇《再穷不能穷教育》的通讯发表。当时接待我的是县里一位副书记，记得姓陈，他在采访结束后忽然问我有没有去过轿子雪山，我说没有，然后他拿出几张他拍摄的照片给我看，照片上的雪山很美。

那是我头一回通过照片看见这座雪山，心里想着以后找机会去一趟。

孰料，这一等就是 20 多年。

在这 20 多年里，我曾几次登上过丽江的玉龙雪山、大理的苍山，但一直就没想过要去禄劝轿子雪山，总觉得其他雪山去过多处，这座轿子雪山似乎可去可不去。

但因为近年爱上打鸟后，友人多次向我展示了鸟友们拍摄的火尾太阳鸟美照后，我忽然感到就冲着去拍这种有着“迷你小凤凰”美誉的鸟，应该去一趟轿子雪山。要知道，从远古时期开始，中国人就崇拜太阳。被视为天神化身的黄帝，据专家考证，正是太阳神，足见太阳在中华传统文化中的崇高地位。因此，火尾太阳鸟能有“太阳”之名，绝非寻常鸟。

一转眼就到了壬寅年的夏天。6 月 14 日上午 8 时左右，昆明城里正下着大雨，打鸟才两年、越拍越好、痴迷打鸟且“高烧不退”的老友李先生按原定计划驱车前来接我去轿子雪山打鸟。放好摄影包、收好雨伞，我坐在了副驾驶位置上，对老李说：“天气预报说禄劝是暴雨蓝色预警，不知此去会不会转晴。”前一阵冒雨去芒坝、老君山拍鸟归来的他，安慰我说：“不怕，山里的天气变化快得很，我们前些天去外地打鸟也有雨停的时候。”

“但愿吧，只要雨停上半小时左右给咱们拍也就够了。”我心有忐忑地说。

迎着大雨，汽车沿着昆倘高速疾驶。我却一路担心着天气与那里的高海拔。

禄劝现为昆明市辖县，地处滇中北部，有“固滇省西北之屏蔽”之称，是由滇入川的“北大门”。1935 年、1936 年，工农红军长征两过禄劝，在皎平渡口抢渡金沙江，实现北上抗日的伟大战略转移，这让禄劝在我国革命史上有了光辉的一页。

说到位于禄劝县东北角乌蒙乡的轿子雪山，在古代就有神山之誉。唐代南诏国王异牟寻仿效中原封岳而敕封其为“东岳”。它属于乌蒙山系，距离昆明市区166千米，因山顶形似轿子，被喻为“轿子雪山”，古称“绛云露山”，最高海拔4247米，有“滇中第一山”的美誉，以高山湖泊、冰雪世界、杜鹃花海、云海、日出、佛光而声名在外。

如今已经升格为国家级自然保护区的轿子雪山其实就是一个庞大的天然物种基因库。因为它拥有达3400米以上的相对高差，所以，形成了寒、温、热三合一的立体气候，名副其实的“一山分四季”，从而造就了其丰富的生物多样性，分布有干热河谷硬叶常绿栎林、半湿润常绿阔叶林、山顶苔藓矮林、寒温灌丛、寒温草甸等多个植被类型，为各种野生鸟类提供了优越的栖息生活条件。

当我们10点多驶抵禄劝县转龙镇时，雨已经停了，在这里我们边休息边等候其他几位鸟友。当一行10人汇合后，就继续开车向雪山顶峰进发。出乎我意料的是，上山的公路虽然不宽，但作为一条旅游专线，养护得很好，路面非常平整，不是我以前打鸟时常走的那种山间颠簸坑洼土路。“对打鸟人来说，这真是一条幸福路！”我对驾车的老李由衷地赞道。

开进四方景门口已经是中午时分，大家每人要了一份简单的炒粉填肚子。这里海拔已经陡然上升到3147米。大概因为轿子雪山的森林植被茂密，含氧量相当高，所以海拔虽然高，但我和大家基本上都没有什么高原反应。只是气温明显比山下低了不少，一下子令已提前穿上一件毛背心、一件T恤，外加一件夹克的我感到了初春般的寒意，不过虽然天气阴沉，但好在此刻并没有下雨。吃完炒粉，我们就匆匆上车，向着最后的目标——下坪子驶去。

虽然这一小段路程大约10千米，但大都是S形弯路，其中有几处是又急又陡的U形回头弯，很危险，如果控制不好车速，稍不留神就会冲下深渊。好在老李是老司机了，很快适应并控制好了转弯速度。

终于在下午2时许，抵达了下坪子观景台。好家伙，已经有二三十辆小汽车停放在路边，四五十位鸟友早已经架好了“长枪短炮”正在守候雪山最著名的明星鸟——火尾太阳鸟的出现，场面颇为壮观。鸟友中有来自四川的，有重庆的，有贵州的，有广东的，当然最多的还是昆明本地的，听说因为连天下雨，他们其中有些人已经在山上等候三四天了。这也让人不得不感叹这火尾太阳鸟的惊人魅力。

见此情景，老李一边停车，一边让我先下车找位置支三脚架，我连忙从后座摄影包里拿出自己的C幅机EOS 90D+腾龙150-600G022套机，下车寻找机位。顺便说一句，由于还没有买到适配的Z口长焦头，我此行并没有带上我的尼康Z7 II微单。因为我们后到，而且一些鸟友天不亮就前来抢占位置，最佳拍摄角度已经是“机满为患”，只能是在别人后排或与人家商量来个见缝插针。更让我们郁闷的是，山下雨早停了，而山上这里却是浓雾紧锁，阴雨淅淅沥沥下个不停。我用手机上的指南针App测了几次，这里的海拔高度分别显示为3535米、3537米、3542米，总之应该在3500米以上，气温只有7℃，所以更加寒冷。除了穿上冲锋衣，我又把前几天刚网购的轻便长雨披也套在外面，既可挡雨，又能挡风。

就这样，我们站在风雨中，呆呆地看着前方被雨雾笼罩的冷杉树林，苦苦等待，眼巴巴地盼着雨停雾散。或许因为下雨，火尾太阳鸟也很少光顾，一下午我只看到了一次，在大雾中拍了个它的“雾影”，听说上午也只来了一次。

火尾太阳鸟虽然很小，也不是濒危的保护动物，但近年来却陡然成为网红，吸引了全国非常多的观鸟者。原因何在？一是比较罕见，主要分布于尼泊尔与我国的西藏、云南，生活于海拔 2000 米至 3000 米间的山地，每年只在 5 月、6 月这两个多月的时间光顾这里。二是因为它十分漂亮，虽然体长仅有 20 厘米，但雄鸟通体以红黄色调为主，色彩极为艳丽，加之拥有细长的猩红色尾羽，飞翔姿态优美极了，被誉为“迷你版的小凤凰”。

早在 2019 年 5 月举办的首届轿子山观鸟节中，10 支来自省内外的观鸟队伍，历经 30 个赛时，在轿子山风景区境内，包括对沼泽、河流、村镇、山地森林、灌木丛等不同生态环境

冷雨中依然在守候↑

进行观鸟比赛，最终观测到 182 种鸟种（新增 15 个鸟种），刷新了轿子山国家级自然保护区鸟类分布纪录。而在 2020 年 11 月轿子山保护区鸟类调查活动中，又发现了一些新鸟种，使该保护区的鸟类记录增加到了 260 种。

那天下午等到快 5 点，见天气依然没有好转迹象，我们就下到海拔 3100 多米的山庄住处休息，准备明天再战。吃罢晚饭后，看到在山上坚守的鸟友宋老师在群里发微信，说雨停了还有一点儿晚霞，正在山庄喝茶的我们顿时高兴起来，感觉明天应该大有希望。

为了第二天早起占个好机位，我设好了凌晨 4 点半起床的闹钟，晚 9 时许就赶紧上床睡觉。由于担心第二天打鸟的事，所以我一夜没有睡好，半夜 12 点就醒了一次，看看表又睡，才凌晨 4 点，闹钟未响就猛地又醒了，这次不敢再睡，便起床

↑空中捕飞虫的火尾太阳鸟

洗漱准备。

于我而言，2022 年的 6 月 15 日，在本人打鸟史上的确是个很有纪念意义的一天。这一天，我创下了自己短短 3 年打鸟史上多个新纪录：第一次为打鸟夜宿海拔 3147 米的高山中并凌晨 4 点起床；第一次在凌晨 4 点半给微信朋友圈点赞；第一次为打鸟而吃方便面（之前我已经有十多年不吃方便面了），第一次天不亮就到海拔 3500 米以上的山里去抢占机位。

虽然我们原定在 15 日凌晨 6:20 出门，但在心急的老李催促下，我们还是 5:40 就登车赶往下坪子，大约 6 点就到了。有人比我们更早，听说凌晨 4 点左右就占好了机位，我们到时那里已有一二十人架好了相机。昨天与我们一同来的宋老师、王老师夫妇是凌晨 5 点不到就站在这里等候了。哎，真是辛苦，打鸟人比小鸟还起得早呀！幸运的是，连续多日阴雨加大雾的轿子雪山今天终于雨过天晴，极目远眺，见太阳已经将左前方的远山照射得明晃晃的，大家都高兴地说今天能好好地大显身手了，也一定会有好照片诞生。

等到 7 点刚过，不知谁忽然叫了一声：“太阳鸟！”众人连忙瞪大眼睛直视前方寻找。在拍摄前方的山坡上，分布着一片属于国家二级重点保护野生植物的急尖长苞冷杉。那只体长远看如手指头大小的火尾太阳鸟，正落在远处一棵冷杉上，只是离得太远，当我好不容易在树丛中找到并要聚焦时，它就一跃而飞了。不过，从 7 点半左右开始，火尾太阳鸟开始频繁地出现在人们相机前方的那片伴有高山杜鹃等花草的乌蒙冷杉林中。只听得众人单反相机的快门声如以前的老式“缝纫机”声似的，响成一片。

此时，阳光仍没有照到我们拍摄所处的这个山凹处，光线很弱，而又需要高速快门，我不得不把相机高感调到 6400，屏住呼吸，紧张地尽可能快地寻找、聚焦，然后使用高速连拍如机枪扫射般按动快门。事后用电脑回放那天拍到的片子，发现在 7:51 时的 1 分钟时间里，我瞄准一只立在冷杉树梢上的火尾太阳鸟，一口气连续拍摄了七八十张照片；7:53—7:56 三分钟内，我连拍了约 300 张；8:26—8:27 一分钟内，连拍了 60 张；8:37—8:38 两分钟内，连拍了 140 张；8:44—8:48 四分钟内，连拍了 297 张；9:47—9:52 五分钟内，连拍了约 500 张！如此高速连拍，在以往我打鸟经历中从未有过，且一直持续到中午 12 点。

的确有些疯狂。为何要在很短时间里连拍这么多？说来要感谢这火尾太阳鸟。上午是它最爱频繁出动觅食的时光。而且出乎意料的是，居高临下的它似乎对其羽翼下方这些拿相机的人及快门声并不太在意，见惯不惊，所以，它在一棵棵冷杉树上自由自在地表演“舞蹈”。尤其让所有拍摄者最满意的是，它从不会冷场，不会让你久等，而且每次飞离一棵树、刚令人有些失望没有抓拍到其倩影时，它常常又迅速折身返回原树，并且一再玩弄这样的把戏，非常“善解人意”地“配合”摄影师们的追拍，赐给所有拍摄者多次平等的机会，让人人都有机会拍到，完全“不理会”你是否使用了善于鸟眼追焦的佳能 R5、尼康 Z9 抑或是追焦慢一点的尼康 Z7 Ⅱ、佳能 90D 等。

高海拔山里的气候变化很快。随着下午的到来，雾气慢慢开始上升，又渐渐把拍摄正前方的山峰给遮住了，天气转阴，光线逐渐暗了下来，火尾太阳鸟大概是上午“表演”累了，出现的频率大幅降低，只有漆黑的乌鸦在人们周围飞过。等到下午 3 点半，心满意足的我们决定收拾相机、脚架回住处休息、充电，准备明天再战。

略有遗憾的是，当夜下起了小雨，16 日一早当我们冒着大雾摸黑再次来到下坪子时，雾雨绵绵，还变得十分寒冷。尽管如此，我们和那些不甘心的鸟友们一直在阴冷风雨中，从早上 6 点守候到 9 点多后，估计天气一时难有好转，这才恋恋不舍地登车返回昆明，留点小遗憾。

记得一位“老鸟”曾半开玩笑地对我说：“好人才有好鸟运！”此言的确不虚。总体而言，此行我们鸟运甚好，老天赏脸，临时停雨散雾，给了大半天的晴天拍摄，火尾太阳鸟这个“鸟模”也充分向大家展现了其光彩照人的美丽，很多摄影师都在那么短的时间里拍摄了数千幅照片，我个人 15 日从上午 7 点到下午 2 点半，总共拍摄了 3500 张，同伴老李则用佳能 R5 拍摄了 8000 多张，都觉得很爽！尤其是我，完全实现了此行前自己预设的小目标：不仅首次清晰地拍到了火尾太阳鸟，还抓拍到了一些它的“飞板”，并且在高海拔深山中行走一路平安无事！幸哉幸哉！

3. 这只国宝鸟，我一次拍了 2700 张

当一个朋友看到我拍的国家一级重点保护野生动物彩鹮的片子后，称赞道：“功夫不负有心人！”

我则深深感到：打鸟要守得住寂寞，心诚则灵。

去年得知有鸟友在滇池畔拍到彩鹮后，我既羡慕，也自然产生了一个奢望：但愿以后我也能拍到它。没想到，这个美好愿望，竟然真的实现了。

进入 2023 年的 11 月，南迁至春城昆明的候鸟越来越多了。从微信朋友圈了解到，一些鸟友开始传递起“彩鹮又来了”的消息，我渴望的心又动了。

于是，不久前，应鸟友老张大哥相邀，我搭他的车，一早

6 点半出发，去位于滇池之滨晋宁区的下村拍了一次，但很不理想。因为有经验的“老鸟”告诉我，拍彩鹮不同于拍其他鸟，拍彩鹮一定要在有灿烂阳光的大晴天，如此拍出来的彩鹮才能令其身上的金属光泽展现出亮丽的紫绿色，阴天没太阳就不好了，而我们去的那天恰好阴的时候多，所以我仅短暂拍了几分钟，便与两个同伴一起到滇池水边守拍猛禽白头鹞去了。那次彩鹮拍了约有一二十张片子，由于天阴，彩鹮几乎变成了“黑鹮”，只能说见到了、拍到了，让我很是郁闷。

12 月 10 日晚上快 10 点时，热心的老张大哥给我打来微信电话，说天气预报 11 日是个大晴天，约定一早再去晋宁。

都说打鸟人起得比鸟早，睡得比鸟晚，还真是这样。我上了闹钟，4 点多就醒了，不到凌晨 5 点半，就起床准备吃的和摄影装备。还不到早 7 点，老张大哥就开车在我小区门口等候了。我与老张大哥是打鸟时结识的，他为人友善，打鸟的时间和我差不多，拍了不少精彩鸟片，而且我俩对打鸟有着许多相同的观念，都不赞成为了拍到好鸟而不顾及自己身体健康拼命四处追鸟，也都反对打鸟时故意惊吓鸟类制造想要的“飞板”。

趁着天色黑暗，路上车辆行人稀少，我们开心地聊着天，向着下村一路疾驶。

由于出发早，路上没有堵车，非常通畅，这次也没有走错路，顺利抵达了紧邻滇池的下村，我看了一下智能手表上的时间显示是 7:55。此时，太阳初升，青山如黛，广袤的滇池水面闪耀着蓝色的光芒。

作为昆明人的母亲河，滇池还是各种野生鸟类的天堂。西南林业大学地理与生态旅游学院、昆明市滇池高原湖泊研究院、中国科学院昆明动物所等在 2021 年 10 月完成的一项联合调查结果显示，滇池流域当时共记录鸟类 314 种，按生态类群划分，水鸟有 68 种，猛禽有 32 种，陆禽有 9 种，攀禽有 23 种，鸣禽有 182 种。无疑，被誉为高原明珠的滇池也应当算作观鸟的胜地之一。

我看到，已经有三四位鸟友早早地架好了相机。我俩一边放置三脚架，一边与相识的鸟友打招呼，我的计划是先在这里拍一下前方湿地树林里的白头鹞，待天色更亮一些后，再到池塘边去拍彩鹮。

跟上次来时不一样，今天天气不错，滇池边似乎连风都没有，气温此刻虽然只有 8℃，但一点儿都不冷，身旁湿地里的水杉树在晨曦映照下泛着温暖的红光，水中那几棵枯树上呆立着两只苍鹭，右边的树林里有一只白头鹞在那里梳理羽毛，相距我们大约有 100 米远。不一会儿，这只白头鹞被忽然飞来的海鸥干扰飞起，我赶紧抓拍了几张它飞翔的姿态，然后开始收拾我的相机和三脚架，准备去拍彩鹮。跟还在这里候拍的老张大哥说了一下，我就一个人背着摄影包提着三脚架和便携小折叠椅，往村边池塘方向走去。

对老张大哥来说，彩鹮以前他拍过，所以他今天的主要目标是想等候一种新出现在这里的猛禽大鹗鸟的出现，而我的目标鸟仍是彩鹮。

这个彩鹮出没的池塘，就在下村的村边上，是绽放着红色与黄色两种莲花的一个半月形小池塘，中间被一个停车场和一道塘埂一分为二，与滇池有一条不宽的土路相隔，距离我们刚才拍白头鹞的地方并不太远。

当我来到这里时，已经有四五位鸟友在那里等候了，我慢慢架好三脚架，把相机装上去，放好折叠椅，听说彩鹮还没来，我也就放心地舒了一口气，开始了守候。

为何我这么上心要拍彩鹮呢？因为彩鹮与人们熟悉的国

↑在莲塘觅食的彩鹮

宝大熊猫都是国家一级重点保护野生动物，不同的是，大熊猫通过人工繁育成功，其种群数量逐渐增多。彩鹮本身在我国就数量稀少，分布地区十分狭窄，加上人类生活生产范围的迅速扩大，日益严重的环境污染，导致其赖以生存的栖息地——沼泽与河湖面积的持续缩减乃至消失，令彩鹮的生存雪上加霜，数量锐减，中国濒危动物红皮书一度不得不悲哀地宣布彩鹮“已经在我国绝迹”。

作为朱鹮的近亲，彩鹮种群数量远比朱鹮少。据介绍，彩鹮系鹮科彩鹮属的鸟类，体长为 48 厘米至 66 厘米，是深栗色带闪光的鹮，体羽大部为青铜栗色。主要分布于亚洲、非洲、美洲中部、欧洲南部。

我们知道彩鹮喜欢栖息在河湖及沼泽附近，有时也会到稻田中活动。它们天生喜欢群居，且常与其他一些水鸟如苍鹭、白鹭、黄头鹡鸰等聚在一起觅食。主要以水生昆虫、鱼、虾等为食。其繁殖期因地域的不同而不完全相同，一般在春季营巢，每窝产卵 3 至 5 枚。因为栖息地的减少和环境污染问题，现已濒临绝迹。

值得庆幸的是，2009 年 1 月，在我国消失很久的彩鹮首次现身。四川成都一鸟友当时在成都荷塘月色湿地公园拍鸟，发现腾空而飞的白鹭群中有两只没见过的黑色大鸟，他将所拍照片上传到中国鸟类图库网站，请求帮助辨认鸟种，被确认正是彩鹮。

随后在云南，也陆续发现了它的身影。2010 年 11 月 21 日，有关人士在昆明市呈贡区关山水库进行鸟类调查时，观察到了彩鹮，创下云南省鸟类新纪录。近几年，在昆明、大理、玉溪等地也都有彩鹮的记录。尤其是，随着生态环境的改善与保护的加强，有越来越多的鸟友近年来在滇池周边都多次拍摄到了彩鹮。

如今，它再度飞临滇池之滨，为我等鸟友提供了绝佳的近距离拍摄欣赏机会。因此，无论从哪个方面说，彩鹮都是非常值得每个鸟友下功夫去观察与追拍的。

在我看来，打鸟最磨人的不是拍摄过程，也不是去往目的地的过程，实际上最磨炼性子的是等候鸟的出现。因为对野鸟而言，它们行踪飘忽不定，难以捉摸它到底会不会来，什么时候来。有时候跑远路，等一天或几天，去几次也不一定能守到，谁也说不准，只能是靠撞大运在它可能出现的区域守株待鸟、傻等，除此别无他法，而在等待的这个过程中，又非常地折磨人。

这个时候实际上已经不是在拍鸟了，在我看来颇有点在修行的感觉，如果你心不静，耐不住寂寞，沉不住气，鸟还没来就抬腿走了，那可就后悔大了去了，而且这种性格根本就不适合打鸟。

我注意到，在这几年的拍鸟实践当中经常发生此类情况，在等候鸟出现的过程中，一些鸟友总是半途而废，坚持不了提前走了，结果他刚走不一会儿，那个目标鸟就出现了。今天这种情况还会重现吗？在等彩鹮的时候，我和一位鸟友聊天，他说今早上 7 点就到了，我说那你来得够早的，可他说还有更早的呢，另有位先生 6 点多就来了，他们都在车上等，因为那时天还很黑，外面冷，这些人可真是等久了。到 10 点半多的时候，一位年龄大的白头老翁说平常彩鹮来的时候一般都是在上午 10 点前，有时候会来两趟，至少来一趟，今天都快 11 点了，一趟都没来，应该不会来了。

有人打退堂鼓走了，有人还在犹豫动摇，还有人跟着哀叹："今天恐怕是真没戏喽！"我虽然嘴上没有附和他们的观点，但心里也是忐忑不安。我在想："彩鹮到现在不来，会不会是已经离开了这里到别处去了呢？难道是它受了伤，抑或受到了惊吓，飞走了？"

有几位鸟友实在等得有些不耐烦了，嚷嚷着要去村子里找饭吃，便起身走了，我和其他人依然选择坚持留在原地等候。说来有趣儿，就在这些去吃饭的人走了十来分钟，彩鹮突然现身从滇池方向朝我们飞过来了。这可把大伙儿高兴坏了，连忙把相机对准彩鹮开始追拍。可惜的是，彩鹮似乎是来探路的，它并没有多停留，而是在莲塘的上方短暂盘旋了一下，马上就扭头飞走了。有人说，他看到咱们等这么久，便来点个卯跟我们打个招呼，也算没让大家白等。于是新的疑问又产生了，它还会再来吗？不管它来不来，我决定坚持等。

还别不信，咱的鸟运真好，不一会儿，彩鹮又飞回来了，扇动翅膀盘旋一圈后，忽地飞到左边池塘，忽地又飞到右边池塘，搞得大家手忙脚乱，连脚架都来不及调转方向，最后它总算落下莲塘来了。为了追拍它，我干脆把相机从三脚架上取下，手持追着它跑。但它仍然没有停留太久，很快又飞走了。这让众人甚是惋惜，于是我们又再次期盼它能再度回来。

不像前两次，这次间隔的时间稍长了一点儿。在等待的过程中，我看看已经 11 点半了，于是便拿出了随身携带的压缩饼干，当作午饭，开始吃了起来。正吃着，突然有人叫彩鹮来了。我一听，急忙把吃剩下的一小截压缩饼干塞进裤兜，一只手抓起相机，朝着彩鹮飞来的方向奔过去。与之前相比，彩鹮在莲塘停留的时间长了一些，让守候多时的各位鸟友有了更多抓拍的机会。

本以为，这次它飞离后有可能过很久才会再来或者今天就不再回来了。一个似乎很有经验的老鸟友说："起码要再等一个小时，彩鹮才可能再来。"然而，这彩鹮与其他野鸟一样，来不来、何时来，都是它们说了算，完全没有规律可循。

说来有趣，仿佛故意要打那些自以为掌握了它规律的人的脸，距离上次飞离还不到半小时，彩鹮就又扇着翅膀飞回来了，而且待了很长的时间。这次从我 11:10 拍到它在空中飞来时的第一张片子算起，直到下午 1:29 离开，彩鹮一直在莲塘的左右两处轮换觅食。

大概经过了前面几次侦察试探，彩鹮应该是明白了我们这些架着"长枪短炮"的人对它没有威胁，这个莲塘很安全，所以，它选择了长时间在此觅食，不再理会我们对它的聚焦与拍摄。只见它把细长的喙不停地深入到褐色浮萍的下面，寻找捕食藏在水里的鱼虾。它工作起来非常认真专注，对村里大喇叭播放的音乐、从池塘旁边不时驶过的汽车、附近也在同样觅食的白鹭、苍鹭与黄头鹡鸰等全然视若无睹，一会儿在莲塘右半

↑在莲塘低飞的彩鹮

部分，一会儿又忽然飞起，落到左半部分有莲花盛开的地方，时而低头把长喙连续扎入水中，时而抬头若有所思，换个地方继续觅食。

此刻，在场的鸟友已经聚集了大约 20 人，大家不再像上午开始那阵手忙脚乱地追着它跑，而是从容地再次架好三脚架，慢慢地对焦拍摄。一个第一次来拍摄彩鹮、手里拿着与我同款佳能 EOS R7 相机的中年男士，庆幸自己上午没有动摇撤走，终于守到了彩鹮，而且彩鹮的表演又是那么地给力。

为了防止彩鹮突然换地或起飞，我放弃了不够灵活的三脚架，手持着配了 150-500 镜头的佳能 EOS R7 相机，我一边不停地按着快门，享受着从容拍摄珍稀国宝鸟的乐趣，一边抽空给还在滇池边守候大鹗鸟的老张大哥发了微信，说彩鹮正在此、我拍得很满意，也是在变相地劝他过来。过了不一会儿，老张大哥打来电话，说大鹗鸟还没有来，我告诉他彩鹮正在捕食，还没有要飞走的意思，建议他赶紧过来，他答应了，很快就开着车来了，而那只众人追拍的明星鸟彩鹮依然在埋头觅食，这让在滇池水边空等了一上午的老张大哥终于赶上了拍彩鹮的末班车，而且此时的太阳光线非常明亮，能更好地映衬出它身上的金属光泽。

多么令人愉快的一天！

正当北京、河北、山西等地普降大到暴雪的时候，在美丽的滇池之滨，冬日的气温竟然最高升到了 21℃，欣赏着如晚秋般的美景，沐浴着灿烂的阳光，我在一个极为理想的光线下，经过耐心守候，最终如愿拍到了一直想拍到、拍够、拍好的彩鹮，从空中飞行、降落、在莲花旁边觅食、吞吃抓到的泥鳅到飞离时的瞬间，我是应拍尽拍，还抓拍到了它在自然状态下的几张姿态优美的“飞板”。

从上午 11:10 拍第一张，到下午 1:29 拍飞离前的最后一张，在大约 2 个小时的拍摄时间段，我光是彩鹮就使用连拍设置一口气拍了 2700 多张片子。此外，在等候彩鹮出现的时候，我还拍到了白头鹞、黄头鹡鸰、棕头鸥、苍鹭、白鹭、池鹭、烟腹毛脚燕等，可谓收获满满。离开返回时，我高兴地对老张大哥说：“谢谢您带我来！今天真的太过瘾了，我可以一两年内都不用再拍彩鹮了！”

4. 我这样追拍血雀

2024 年 3 月 21 日 12:48，由保山开往昆明的 C346 次动车，比原计划提前一分钟缓缓启动了。坐在车厢里，看着窗外灿烂的阳光，感受着 23℃的舒适气温，打鸟满载而归的我美滋滋的。

因为，我的这次百花岭追拍血雀之旅，至此已完美地画上了一个句号。

这是我第三次上百花岭。前两次是2019年，那时还没退休，尚未开始打鸟的我，因记者工作之需，专门从昆明到保山采访百花岭村民靠发展观鸟经济实现脱贫致富的故事，主要是看别人如何拍鸟。没想到，那两次采访竟然是我变身“鸟人”的一大转折。在写作后来整版刊发的长篇通讯《云南百花岭：“青鸟”探出致富路》时，我就一直在思考：为啥那些小鸟有那么大的魔力，能让国内外的众多鸟友心甘情愿、耗费大把钱财、不远千里万里地跑到这个大山之中追拍？为什么长期穷困的小山村居然今朝能靠发展“观鸟游”脱贫致富？

那一年两次百花岭采访，一是让长期喜欢业余拍摄风光与人文的我现场感受到了什么是“打鸟”（鸟类摄影圈子的行话，意为拍鸟）和打鸟的乐趣；二是给我留了个遗憾：当时并非血雀的最佳观察时期，未能看到血雀，保山市负责高黎贡山自然保护工作的一位领导告诉我需要等到来年的二三月份。

直到2020年11月，我又接受了一项与观鸟密切相关的采写任务，去距离保山不太远的德宏州盈江县太平镇石梯村采访观鸟游助力山寨脱贫的故事。石梯村的这次采访，最终让我下定决心要学习打鸟，从此后开始了我人生旅程的一个新的有趣探索。

在近几年学习打鸟过程中，时不时会遇到一些鸟友谈及并展示所拍血雀的经过，他们那种得意与傲骄的神态，也不免“刺痛”了我。

血雀属于朱雀类中的一种罕见野鸟，因其雄鸟浑身呈血红色而得名，主要分布于喜马拉雅山脉附近的尼泊尔、印度等，在我国仅云南、西藏的个别山地才有分布。它们通常生活在高海拔的山林，最高可达海拔 4000 米，主要以植物花果和昆虫为食，分季节于栖息地垂直迁徙。血雀在世界各地分布极其稀少，它象征着光明、红火与喜庆，被视为神鸟朱雀的化身，一直备受世人喜爱和广大鸟友的追捧。难怪，有些拍到血雀的人，常常爱把它当作自己吹牛炫耀的一大谈资。

看来，不去百花岭拍到血雀，大概不好意思说自己是“鸟人”，就像外国人来中国一定要去爬一次长城一样。

“不论早晚都要拍到血雀”，就这样成了我打鸟的一个重要目标。为此，我一边在其他地方打鸟，一边寻找、等待合适的时机。

眨眼间 3 年就过去了。

2024 年 3 月中旬的一天，刚从西双版纳打鸟归来的我，才歇了两天便待不住了，经向百花岭资深鸟导老侯（体国）微信询问，得知百花岭的血雀现在还可拍到时，便打定主意要来一次“血雀之旅”。

于是，我马上订好去保山的动车票和百花岭山上的民宿床位，带好我的摄影装备及相关物品，于 3 月 18 日登上了昆明至保山的动车，开启了我的又一次滇西观鸟之旅。

傍晚时分，飞驰了 4 个小时的动车准时抵达保山站，多年的老朋友、保山资深摄影家毛三兄弟便接上我，驾车直奔百花岭。考虑到我多年没有走过怒江峡谷边的老路了，他为了让我一边欣赏峡谷风光、一边找寻昔日的回忆，驶离保山城后，便转到了现在人们不常走的江边老盘山公路。一边开着车，他一边说：“前一阵我还陪朋友来拍过攀枝花（木棉花），现在大部分已经凋谢了。”

“攀枝花树上有鸟吗？”我笑问。“有，经常会有鸟来吃花。”他笑答。近两小时的上山路，我俩的话题差不多全是谈鸟。我明白说此行的目标鸟就是血雀，而他已经拍过很多次血雀啦，很有经验。他告诉我，现在已不算是拍摄血雀的最佳时机了，要看运气，因为立春这么久了，气候越来越暖，血雀很快将离开百花岭，回到高黎贡山的更高海拔处，一旦错过，再想拍它，还得再等一年。闻听此言，我心里忐忑不安，很担心扑空。

无疑，在我国数以万计的鸟友中，没拍过血雀的还有不少。当然，我并不认同那种以“血雀”来做鸟人一个区分与评判的标准，因为国内外珍稀的明星鸟还有许多。但考虑到血雀在我国观鸟界的独特地位，我既然选择了打鸟就应努力把它拍到，而且云南在全国独有的另一大明星犀鸟我已拍到，就缺它了，理当试试。

上山入住各地鸟友中鼎鼎大名鸟导老侯家的客栈后，看到他家院里停放了来自北京、陕西、黑龙江、海南、广东、广西、四川、新疆等地鸟友的自驾车，更感到打鸟的魅力太大了。在和一些鸟友交流中得知这两天山上能否拍到血雀并不确定，完全凭运气。听说某电视台记者前两天来，好不容易才守候拍到了 2 只。看天气预报说，这两天山上可能有小雨或阵雨，而血雀喜欢有阳光的大晴天，这更让我不安起来。

我原打算去百花岭上一处山路走得少些的芒岗拍血雀，但上山当晚收到消息说近日有一两天血雀没有在那里出现，于是毛三老弟便建议改到另一处山路难走的麻山，我当即表示同意。后来证明，这个改换决定太英明了。

19 日凌晨 2 点半我就忽然醒了，到 4 点多，我再也睡不着了，磨蹭了一会儿便起床洗漱、检查摄影装备。按照约定，不到 6:50，天还黑乎乎的，我们就出发了。有了以往背负沉重摄影包、三脚架爬山不堪重负的经历后，加上此时天才蒙蒙

周身赤红的雄血雀↑

亮，光线很弱，为了确保走山路不崴脚、防摔跤，我出钱请当地一位山民帮我背摄影包与三脚架。毕竟，自己也是一大把年纪了。刚开始那一小段路，感觉不算啥，但后来的山路越来越陡，越来越不好走，而且很狭窄，带路的山民不时提醒大家“小心脚下”“这个叶子有毒不能碰”……

幸好，毛三老弟事先为我准备了一根轻便拐杖，帮我增强了行走的稳定性，但走过许多山路的我，还是越来越喘得厉害。我大口喘着粗气问前面一个背包的年轻山民：“不是说才 800 米远嘛，怎么还不到？”他调皮地回答：“我们讲的是 800 公米！”“这么说原来是 1600 米啦？”我一下笑了起来。很快，我们追上了走在前面的一矮个小老太。她双手扶着腰，迈着艰难的步伐，停在一拐弯处，用生硬的汉语带比画手势说：“前面。”“韩国人？”我略带疑惑地问道。她点点头，示意让我

↑幸运拍到了 5 只血雀同框

们在她前边先走。

终于，在连续急促的喘息中，走出一身热汗后，到达了半山腰一大树林下处。已有十几个鸟友先行一步，在那里支起了三脚架。这一带山林是高大混交林之间的一小块相对开阔地，海拔约 1600 米（现场查了手机指南针软件），是血雀近来经常光顾喝水的地方。我也赶紧忙着找空地支架子。待架好相机后，问身后一黑龙江鸟友，得知血雀还没来时，我轻舒了一口气。于是便开始撞大运式的“守株待鸟”。

虽然远山的太阳正在缓缓升起，预报说当日最高气温可达 23℃，但此时山里的气温只有 7℃，幸好我穿了一件薄羽绒服，不然还真可能被冻感冒了。等了一阵，一当地山民鸟导忽然叫大家“安静”，说血雀已来到附近大树梢上了。我赶紧四处张望，终于在左前方一大树枝上，逆光中，我用佳能相机的长焦镜头终于远远地拍到了它的剪影，这是我此生首次亲眼看到、拍到的第一幅血雀片子，时间是上午 7:43。

又过了一会儿，一只橄榄褐色的雌血雀悄无声息地飘落在一树干上，成了探路的尖兵，顿时，所有鸟友都开始按动快门。首拍血雀的我更是凝神聚力，一会儿连拍，一会儿“点射”。稍后，4 只雌血雀也相继落在了同一树枝上。屏息静气，我变换着那只 RF 卡口 100-500 镜头聚焦，不停地按着快门，同时在心中期盼着那红红的雄血雀快些到来。

运气好得挡都挡不住，8:49，一只通红的雄血雀如我所愿，也飞落在一树枝上，我不由得一阵窃喜：血雀呀，你真是太给力了！迅速调整方位、焦距后，我用高速连拍持续不断地对准它“扫摄”。更让我大喜过望的是，紧随其后，又来了 3 只红彤彤的雄血雀。而且，我不仅拍到了它们相互之间的争斗和“飞板”，还拍到了 5 只雌雄血雀同框。事实上，由于当时焦距和激动的缘故，我还漏拍了 1 只血雀。事后，使用定焦大镜头、在我身后数米远处拍摄的毛三兄弟把他拍到的 6 只血雀同框的片子给我看时，我只能表示羡慕和有点小遗憾。

这波血雀鸟浪一直持续到 9:15 才告一段落。10:57，一只雌血雀又来了。不一会儿，在阳光的映照下，另一只雄血雀也下来喝水、洗澡。有趣的是，两只娇小的蓝翅希鹛也不甘寂寞，和这只雄血雀大哥凑在一起戏水洗澡，它们各得其所，互不打架，但见逆光里水珠晶莹、水花四溅，再看那雄血雀红色的羽毛浸水后抖动中像炸了毛似的，萌萌的，画面之优美和谐，简直令我陶醉。此刻，我所想做的只有一件事：聚焦后高速连拍，绝不吝惜存储卡。

此轮拍摄，我们持续到了 11:07。大约 10 分钟后，一雄、两雌血雀相继再度飞来，大家仍然高兴地不停“咔嚓”，直到

11:18 最后一只雌血雀飞走，我才终于罢手喝水休息。等到快12 点时，见血雀没有再来，在场的大多数鸟友都陆续收机子下山了。听带路的山民说，下午血雀有时也会来，没拍够的我还心存幻想，期待它们再来，所以我俩及另外一个山东鸟友饿着肚子，守到下午一点多钟，还不见其踪迹时才恋恋不舍地下山吃饭。

后来，我把所拍片子导进电脑查了一下，一共拍了 2500 多张血雀片子，各种光影、姿态都有。在此，我理应感谢血雀对我的友好眷顾。如果要为此次“血雀之旅”做个小结的话，我有这样三个方面的体会。

一是决定去拍摄血雀之前一定要先做好功课。都说“不打无准备之仗”,但许多人打鸟前还是准备不足或相当不够。比如，不远千里万里来到这样一座大山里，事先要尽量搞清楚血雀活动特点，在众多鸟友蜂拥而去的季节必须提前订好客栈房间，明确拍摄的准确地点，弄清最佳交通路线，准备好适应“一山四季”、高海拔山区需要的衣物和常用药品，查看天气预报……这些准备工作看起来繁杂琐碎，但十分重要，它甚至比拍摄过程更复杂、更困难一些。只有把所有相关的功课预先做好做足，才会大大提高出行拍摄的成功率并确保平安。

二是一定要不耻下问。我这次在山里遇到几个外省首次来百花岭的鸟友，闲聊中感觉他们对自己来百花岭要拍什么鸟并不清楚，有的甚至不知道这里的明星鸟有啥，更没想过此行千里迢迢来百花岭打鸟一定要争取拍到血雀这样的超级明星鸟。遗憾的是，他们似乎不好意思、也不会主动去向其他有经验的鸟友打听。在我看来，像这样稀里糊涂打鸟，不仅只会让自己在打鸟资金、装备上的高投入产生很低的效益，还必然错失许多“近在咫尺”的好鸟，拍鸟技术的进步也一定快不了，当然，除非他（她）根本不在乎。

三是“鸟运”不信也得信，而且极其重要。要明白，并非去了百花岭就一定能够拍到血雀，即使在二三月它们的活跃期，也不一定能百分之百地拍到它。何况，别人能拍到你不一定就能拍到。有鸟友去了几次没有拍到，有的鸟友在山上连续守候几天还是空手而归，就连保山市本地的鸟友也有人至今没有拍到它。因为，这些稀有的血雀和高黎贡山里的其他鸟一样都是大自然中野生的，不是自己家里像养宠物那样豢养的，来不来、何时来完全由它们自己做主。我们所有盼望能拍摄到它的鸟友，只有去碰运气。如果你鸟运好，去一次就能拍到；有的鸟运差，需要去几次，甚至也有去了几次都拍不到的。这里，说个小秘诀、小偏方：平时多做好事、努力做好人。“只有人品好，鸟运才会好”，这是一位资深鸟友多年前告诉我的。经过这些年的打鸟实践，我对“鸟运说”、对“鸟运与人品挂钩”之高见，深信不疑。

这里，还要补上一笔，此行百花岭短短 2 天的拍摄时间内，我总共拍摄了 12000 多幅鸟片。除了如愿完成拍到神鸟血雀的预设目标任务外，用俺山东老家的话说，我还“搂草打兔子”，顺带拍到了其他三四十种鸟类，其中在咱已拍过的鸟种记录里又新增了鳞胸鹪鹛、淡眉柳莺、金喉拟啄木鸟、斑喉希鹛、白眉鸫、喜山短翅鸫等数种新鸟，确实收获不小。现在，我又要开始寻找下一个重点目标鸟！

第六章 图说云南常见及珍稀鸟类

红嘴鸥

红嘴鸥为鸥科中型鸟类。民间俗称水鸽子。在云南是数量最多的候鸟，在昆明、大理、保山、玉溪、红河等地都很容易拍摄到。虽然它身体大部分羽毛为白色，尾羽是黑色，但其嘴和脚皆呈红色，故得名。红嘴鸥常常集结成大规模群体在湖泊、河流、池塘及沿海沼泽地活动，主要以鱼虾、昆虫为食，但也喜欢人类喂食。每到冬季，昆明滇池畔的海埂大坝便成了观赏拍摄它的最佳地点，来自全国各地数以万计的游客都会到此打卡观鸥。在这里，用手机也可以拍出很好的红嘴鸥照片，非常适合初学者来此练习拍鸟技巧。

火尾太阳鸟

火尾太阳鸟为太阳鸟科小型鸟类。大理苍山、怒江片马雪山和禄劝轿子雪山是云南观赏拍摄它的主要地方，但鸟友们公认国内相对好观察拍摄的地方还是昆明市禄劝轿子雪山。其雄鸟的颈部、背部和长长的尾羽皆为鲜红色，腹部黄色中点缀着一块红色，成为众多鸟友最喜爱的鸟种之一。这是一种十分特别的鸟，色彩鲜艳，生活在海拔两三千米的高山，被誉为“小凤凰”，尤其是在空中飞翔时，更是像极了传说中的凤凰。2022 年 6 月一天，我与几位鸟友专程赶赴禄劝轿子雪山，住在山上，起早贪黑，淋雨受冻，终于拍到了它。

黄臀鹎

黄臀鹎是鹎科小型鸟类，又名黄腹鹎。云南多地都能见到它的身影，不怕人，部分昆明人习惯叫它“老倌雀”，因为它头顶一撮黑色羽毛，仿佛一个老头戴了顶黑帽子。又因它的尾下覆羽为明显的黄色，所以得名“黄臀鹎”。鸟类学家认为该物种的模式产地就在云南。黄臀鹎为杂食性鸟类，主要以植物花果为食，也吃昆虫。这是我极为熟悉的一种鸟，因为几乎每天一早它就三三两两地在我家窗外树上开始歌唱，像闹钟一样催我起床。而我在小区散步时，走到哪里都能听到它如画眉鸟般的叫声，清脆嘹亮且悦耳。

珠颈斑鸠

珠颈斑鸠为鸠鸽科中型鸟类，在云南很常见。在我居住的小区里，每天在树上、地面上都能见到它。成鸟的脖颈处长有一片银白色斑点，宛如“珍珠”。没爱上打鸟前，我看见它时还误以为是别人家养的鸽子，无论是个头、颜色与叫声都颇为相似。后来才知道它又叫花斑鸠、珍珠鸠等，人们也称它为“野鸽子”，属于鸽科鸟类。与其他鸟类不同，珠颈斑鸠的雌雄鸟差别不大，常常成群活动觅食，我在昆明北郊山林间打鸟时，最多时一次见到了 11 只珠颈斑鸠在一起活动。珠颈斑鸠爱在地面上觅食，主要以树草等植物种子为食，也吃玉米、稻谷、麦粒、绿豆等农作物种子及昆虫、蜗牛。

灰腹绣眼鸟

灰腹绣眼鸟系绣眼鸟科小型鸟类。其主色调是黄绿色，大小相当于成人的大拇指，为留鸟。一般栖息于中低海拔以下的低山丘陵和山脚平原地带的常绿阔叶林和次生林中。我在我家窗外那棵高大的石楠树上一年到头都能观察拍摄到。它性情活泼，总是在树上跳个不停，很喜欢吃石楠树上的花果，是我的老朋友，某种意义上说已经成为我日常生活的一部分了。这种小鸟喜欢成群活动。在昆明北郊的山林中，我多次看到它也能与黄臀鹎、蓝喉太阳鸟等其他鸟类混群活动和觅食。主要以昆虫为食，也吃植物的花果和种子。

池鹭

池鹭为鹭科中型涉禽。这是一种分布较广、很容易观察拍摄到的鸟。我几次拍摄它都是在昆明的月牙塘公园湿地里。因其繁殖时羽毛呈栗红色，所以又被称作“红毛鹭”。一般喜欢栖息于池塘、湖泊、河流、沼泽湿地甚至稻田等水域，为了捕捉水中猎物，可以长时间静静等待。由于它常常长时间站立不动，所以易观易拍，但能抓拍它捕捉到鱼虾之类，就不容易了。我虽然多次观察拍摄到池鹭，但只有一次抓拍到它捕捉了一条泥鳅。

白胸苦恶鸟

白胸苦恶鸟是秧鸡科中型鸟类。我查了一下，它是众多鸟名中唯一带有“苦恶”两字的鸟。为何有这样的名字？一是因为其叫声类似“苦恶”或“姑恶”；二是因为古代就有民间传说，它是被恶姑虐待折磨死的妇人化身，因此，屡遭贬谪、仕途失意的北宋大文豪苏轼同病相怜地为其赋诗云：“姑恶姑恶，姑不恶，妾命薄。”南宋诗人范成大在一诗序中解释道：“姑恶，水禽，以其声得名。世传姑虐其妇，妇死所化。”白胸苦恶鸟极善行走、游泳，很少飞行，主要栖息于沼泽、溪流、水塘、稻田等湿地及附近灌木丛，爱单独或成对活动。食性杂，不论是昆虫、蜗牛、小鱼还是草籽、谷粒、芦苇茎等都吃。目前，在昆明、红河、大理等地都有其观察拍摄记录。

普通翠鸟

普通翠鸟为翠鸟科小型鸟类。它浑身散发着金属般的光泽，头部、背部为闪着金属光泽的翠蓝色，胸腹部为浓郁的栗红色，全身色彩艳丽而丰富，十分漂亮。所以，众多鸟友都喜欢反复拍摄它美丽的倩影。它也是我拍摄的翠鸟科中的第一种。在云南是留鸟。通常都是单独活动。虽然我拍摄过多次，但至今最满意的还是2020年冬天在保山青华海湿地首次拍摄的那一幅，而且是在它突然飞到我右前方十多米处时，用尼康P1000便携机拍摄的。其食物以小鱼为主，被公认为鸟中的捕鱼高手之一，在锁定猎物后，普通翠鸟便会以直线俯冲的形式，冲入水中捕捉鱼类，然后飞回树枝上把口中小鱼不停地摔打再享用，这个过程十分精彩有趣。云南许多湖畔湿地、公园池塘等地均有它的身影。

黑翅鸢

黑翅鸢为鹰科小型猛禽，国家二级重点保护野生动物。它的明显特征是：眼睛红色，翅膀上的羽毛有一部分是黑色，腹部的羽毛为白色。多以田野里的鼠类、小鸟、野兔、昆虫等为食。我第一次拍到它是在晋宁附近滇池湿地的一处树林。那是2021年6月的一天，我和一群鸟友在附近一片农田旁架着三脚架，守在那里拍它从空中俯冲到田里抓老鼠。从上午9点多钟，我们一直守拍到傍晚6点半，抓拍到了它2次捕捉到老鼠后在空中“挂弹飞行”的镜头。事实证明，它不愧是捕鼠高手。人们往往会远远看见它独自驻停在远处大树树梢或电线杆上，或在空中盘旋、翱翔，观察搜索田野中的鼠类、野兔、小鸟、昆虫等。

喜鹊

喜鹊属鸦科中型鸟类，雌雄基本相似，是我国家喻户晓的一种益鸟。在我居住小区的两棵高大的云杉树上，经常有两只喜鹊在树梢处鸣叫，也时常看到它们降落在小区绿地上觅食昆虫。小时候，在山东姥姥家，我就学会了当地关于喜鹊的民谣：“大喜鹊，尾巴长，娶了媳妇忘了娘！”至今仍记得清清楚楚。它看起来很喜欢和城镇里的人类结伴生活，当然，也经常栖息于野外的林中。除了爱吃昆虫等动物性食物，喜鹊也时不时地吃些植物果实及种子。多次在滇池畔、山林中观察拍摄喜鹊，又让我看到、拍到了它的另一面：那就是喜鹊会三五成群地组团攻击别的鸟类，比如，我目睹了它们合伙攻击驱赶黑翅鸢、红隼。研究发现，喜鹊很聪明，性情凶暴，攻击性强，而且和乌鸦同宗，都是鸦类，又被叫作“流氓鸟”。

红头长尾山雀

红头长尾山雀是长尾山雀科小型鸟类。俗名有红白面织、红豆宝儿等。作为一种山林留鸟，主要栖息在海拔 1000 多米以上的山林中，性情活跃，常集群活动，时常与柳莺、绣眼鸟等小型鸟类混合一起觅食。它主要以昆虫为食，也食用植物花果。因为它头部有黑、白、红棕色相混杂，对比鲜明，一副花脸模样，非常讨人喜爱，所以又被人们比喻为“小老虎”或“鸟中小熊猫”。我多次在平均海拔 1800 米、昆明北郊金殿风景名胜区一带的山林中拍摄到它。

麻雀

麻雀是雀科小型鸟类。纵观全世界，其分布之广、数量之多、身影之常见似乎没有其他鸟类可以超过它。我记得小时候在山东姥姥家，见得最多的、听说最多的鸟就是麻雀。很长时间里，我也和大多数人一样以为麻雀只有一种。直到近些年爱上打鸟后，才了解到原来世界上的麻雀如果细分竟有 27 种之多。此外，无论是田野、湿地、山地、草原，还是我居住的小区里，都能看到它们一群群跳跃的身影。它脸颊灰白色下方有一个明显的黑斑，这是今天识别它的重要标志。麻雀也是群居性鸟类，常常十几二十多只地聚集在一块活动。而且，大家如果稍加留心，就会发现生活在城市里的麻雀往往不太怕人。说到其食性，那也是相当杂，不仅爱吃田地里的谷粒，吃花果草种，还吃小昆虫等。尤其是雏鸟，雏鸟则几乎全以昆虫为食。

白鹭

白鹭是鹭科大型鸟类，又称白鹭丝、小白鹭，与大白鹭、中白鹭很相似。主要栖息于河流、湖泊、海岸边的浅滩、沼泽及稻田等。常成群活动，喜欢与其他鸟类混群。主要以小鱼、小虾、昆虫等动物性食物为食。云南很多有河流的地方乃至城市公园的池塘都能很方便地观察拍摄到。我在保山青华海湿地曾经拍摄到上百只的白鹭群。

棕背伯劳

棕背伯劳属伯劳科小型鸟类。其背部呈棕红色，尾较长且黑，生性凶猛。从海拔 2000 米左右的山间到低山丘陵和山脚平原，都能看到它们的踪迹。多单独活动，主要以昆虫为食。有趣的是，2023 年夏天，我在保山青华海湿地拍摄水雉时，一只棕背伯劳竟然大胆地从树上一次飞落在我的长焦镜头上，一次飞落在我的小折叠椅上，被我用手机拍了下来。

黄喉鹀

黄喉鹀为鹀科小型鸟类。雌鸟和雄鸟基本相似。雄鸟喉部为醒目的黄色，头顶有一小撮羽冠，背部褐色居多，胸部有一小块黑斑。爱栖息于中低海拔山地的阔叶林、混交林、次生林及附近灌木丛。主要以昆虫为食。我在昆明北郊海拔1900多米的一处山林中几次拍摄到它。

山麻雀

山麻雀同样属雀科小型鸟类。属杂食性鸟类。平时所说的房前屋后到处可见的麻雀，其实多是这种山麻雀。它适应性很强，不管是低山丘陵和平原地带，还是西南和青藏高原高海拔2000米以上地带，都能见到它们的身影。雌雄不同色，其雄鸟头顶为鲜艳的栗红色，雌鸟颜色则相对较暗。它们喜欢活动在林地、灌木丛、草丛、村寨、城镇居民小区等地方。山麻雀与麻雀二者的区分较为容易，最明显的区别只需看其脸颊是否有黑斑，有黑色颊斑的就是麻雀，无黑斑者便是山麻雀。它们经常结伴成群，喜欢飞飞跳跳，追逐嬉闹，也如同麻雀一样主要以植物性食物和昆虫为食。

普通秋沙鸭

普通秋沙鸭属鸭科大型鸟类。冬季会迁徙到云南昆明、大理、玉溪、保山等地越冬。它的雌雄鸟都好看，雄鸟头上的黑褐色在阳光下发射出绿色金属光泽，雌鸟头部则为棕褐色。主要栖息于湖泊、江河、库塘等。越冬迁徙时，它们一般沿河流飞行。白天通过潜水捕食鱼虾等，偶尔也吃点植物性食物。常集结成十余只乃至上百只成群活动。我在曲靖会泽念湖、昆明的翠湖公园与瀑布公园都拍过它们。为了拍摄普通秋沙鸭捕鱼的瞬间，我于 2023 年 12 月及次年的 1 月多次到瀑布公园守候，终于抓拍到了一只雌性普通秋沙鸭捕鱼和踩水起飞的瞬间。

蓝额红尾鸲

蓝额红尾鸲属鹟科小型鸟类。喜欢在海拔 2000 米左右的山林里活动，有垂直迁徙的倾向，冬季会下到海拔较低的山地觅食。雄鸟的毛色十分亮丽，很招人喜爱。主要以昆虫为食，也吃少量植物果实与种子。我在昆明北郊海拔 1900 米左右的几处山林中和保山百花岭多次拍摄到它。

红头穗鹛

红头穗鹛系鹟科小型鸟类。它是我国穗鹛属鸟类中分布最广和最为常见的一种。其最醒目的一个特征是头顶的棕红色。在云南多见于中等海拔的山林中。主要以昆虫为食，偶尔也吃些植物果实与种子。常单独或成对活动，主要栖息于山地森林中。我在昆明北郊海拔 1900 米左右的山林中和保山百花岭等地都多次拍摄到它。

蓝翅希鹛

蓝翅希鹛是画眉科小型鸟类。其翅膀、尾羽及眼部上方的蓝色，成为识别它的一个重要标识。它喜欢结对或成群活动，性格活泼好动。多以昆虫为主食。最让我意外且高兴的是，2023 年底的一天上午，它居然出现在我家窗外的石楠树上，被我抓拍到了。此外，在昆明北郊山林和保山百花岭我也多次见到并拍摄到它。

云南雀鹛

云南雀鹛是雀鹛科小型鸟类，又称作灰头雀鹛。主要见于云南。多栖息于中等海拔以下的山地和山脚平原地带的森林和灌木丛中。主要以昆虫为食，也吃果实、种子、叶、芽等植物性食物，偶尔也取食苔藓。我数次在昆明北郊海拔 1800 米以上的山林中和保山百花岭等地拍摄到它。

金色林鸲

金色林鸲是鹟科小型鸟类。它的特征极明显，正面看，雄鸟从颈部到整个下腹部都是金黄色，所以很容易识别，也因其金色而受到鸟友们的喜爱。除秋冬季节飞到中低山地觅食外，繁殖期间则常常栖息于海拔 2000 米以上高山地带低矮灌木丛中。其性胆小，常单独或成对活动。它主要以昆虫为食，也吃少量植物果实与种子。我从 2023 年 11 月起多次在昆明金龟山和保山百花岭拍摄到它。

白鹡鸰

白鹡鸰是鹡鸰科小型鸟类。全身主要有黑白两种颜色。这种鸟在我居住的小区里时常可以看到。它的长相似乎不太讨人喜欢，尤其是其尾部一直在不停地上下抖动，抖得令人眼晕。山间、池塘、河流、湖畔乃至城市居民小区绿地等处都有它的身影。经常单独或结小群活动。主要通过在地上行走或空中飞翔捕食昆虫。我在昆明和保山多次拍到它。

红喉歌鸲

红喉歌鸲为鹟科小型鸟类，又名红点颏。国家二级重点保护野生动物。应该是因为其雄鸟喉部有一片明显红色而得名，所以一些昆明鸟友又戏称它为“红领巾”。常在灌木丛和地面上活动。它主要吃虫子，胆子很小，很警惕，一有风吹草动，就急速躲进灌木丛中。如果观察时反应慢了，很可能错过拍摄它的机会。红喉歌鸲的叫声婉转，还能模仿其他鸟叫。2023年10月至12月，我在昆明北郊海拔2000米左右的金龟山林中多次拍到，它应该是从北方迁徙来过冬的。

赤红山椒

赤红山椒为山椒鸟科小型鸟类。其雄鸟除头部为黑色外，周身赤红，雌鸟则以黄色基调为主。又得名红十字鸟、朱红山椒鸟。其主要活动于海拔约 2100 米以下的山地和平原，多成群活动。主要以昆虫为食，也吃点植物种子。我在昆明北郊山林和保山百花岭多次拍摄到它。

红嘴蓝鹊

红嘴蓝鹊是鸦科大型鸟类。又被称为赤尾山鸦、长尾山鸦、长山鹊等。其羽毛混杂红白黑蓝等多色，尤其是它的嘴、脚为红色，背部呈蓝紫色，尾巴很长，飞翔姿态优美。作为一种大鸟，食性很杂，它从昆虫到植物都吃，被列为益鸟。还记得我第一次在昆明金殿风景名胜区山林中看见它的那种激动，因为它的羽毛和空中展翅的姿态真的很美，一阵狂拍，直到后来见多了，才有点审美疲劳。

北红尾鸲

北红尾鸲属鹟科小型鸟类。其雄鸟背部有雌鸟所没有的大片黑色，雌鸟通体呈褐灰色。主要以昆虫为食，常单独或成对活动，活跃于山地、河谷、灌木丛中等。我在昆明北郊山林和保山百花岭等地多次拍摄到它。

栗臀䴓

栗臀䴓是䴓科小型鸟类。多在中等海拔山地林间单独或成对活动。其头部、背部为蓝灰色。活泼好动，能在树干向上或向下疾速爬行，其叫声悦耳且善变。主要以昆虫为食，也吃植物种子。我几次看到它也能与其他灰腹绣眼鸟、蓝翅希鹛等小鸟混群觅食。在昆明、保山、德宏等地都能观察拍摄到。

灰卷尾

灰卷尾是卷尾科中型鸟类。除了眼睛虹膜为橙红色外，它全身以法兰绒般的浅灰色为主，长长的尾羽末端呈叉状分开。喜欢成小群或成对活动。主要以昆虫为食，也能吃点植物种子。我在昆明北郊海拔 1800 米以上的山林和保山百花岭都多次拍摄到它。不过，它也能栖息于平原、丘陵、河谷等地带。

绿翅短脚鹎

绿翅短脚鹎为鹎科中型鸟类。这是一种羽色漂亮的鸟，在云南的贡山、腾冲、永德、盈江、元阳等地能拍摄到。常栖息在中高海拔的山地阔叶林、针阔叶混交林、次生林、竹林、灌木丛草地中。单独或成小群活动。食性杂，主要以野生植物种子和果子为食，也吃昆虫。我首次拍到它是在昆明北郊海拔2000米左右的山林里，最多时一次见到2只同时出现。

灰头绿啄木鸟

灰头绿啄木鸟是啄木鸟科鸟类。其雄鸟外表可用红顶、灰头、绿背形容。不仅在树干上啄食，也常在地面上觅食。主要以昆虫和植物种子为食。常常单独活动，有些胆怯。我几次在昆明北郊海拔 1800 米以上的山林里拍到它。在保山百花岭、德宏盈江等地也能拍摄到。

鹊鸲

鹊鸲为鹟科小型鸟类。它比较好识别，其雄鸟主要是黑白两种色调，腹部与翅膀上的白色很显眼，而雌鸟颜色要淡一些，以灰褐色为主。常常单独活动于低山、丘陵、平原地带。不管是村落还是城市，凡是绿化好的庭院都容易发现鹊鸲的踪迹。其主食是昆虫，也吃植物果实与种子。在我看来，鹊鸲与喜鹊有点类似，而且在我住的小区也常常能见到。我不论在自己居住的小区，还是在昆明北郊山林、保山百花岭等地都能拍摄到它。

白腹锦鸡

白腹锦鸡系雉科大型鸟类，国家二级重点保护野生动物。雄性白腹锦鸡是我在云南见过拍到的最美的一种，其头顶、脊背、胸部犹如鳞片般分布着深绿色，闪耀着金属般的光芒，堪称云南最美的大鸟，感觉再厉害的画家也画不出它那样的美。我第一次拍到它，是在曲靖市会泽县念湖附近的一处山地。后来，没想到在昆明北郊的金龟山，这里的海拔在2000米左右，我多次拍摄到了雄鸟、雌鸟。褐色且体型小很多的雌鸟显然不如雄鸟好看。除了吃点昆虫，它主要以植物性食物为主。

褐胁雀鹛

褐胁雀鹛是莺科小型鸟类。在云南的昆明、大理、怒江、保山、普洱、临沧、昭通、西双版纳等地都有拍摄它的记录。主要栖息地为中低海拔山地。雌雄羽色基本相似。名如其鸟，它全身以褐色为主色调，主要以昆虫为食，也吃点植物性果实和种子。性活泼，喜欢成对或小群活动。我在保山百花岭和昆明北郊山区多次拍摄到它。

黑水鸡

黑水鸡属秧鸡科涉禽。被鸟友们称为“菜鸟”。它有醒目的红嘴，周身以黑色为主，两胁羽毛点缀着少许白色，腿脚为绿色，总体为黑白红绿四色。多成对出没，擅长潜水捕食，以小鱼、小虾、水草和昆虫等为食。常栖息于湿地、湖泊、库塘等地的芦苇丛、灌木丛。只要你在城市公园稍加留意，就不难发现它的身影。我在昆明、大理、保山等地多次拍摄到它。

白骨顶鸡

白骨顶鸡为秧鸡科中型水鸟。其最显著的标志是通体黑灰色中杂以前额嘴部的白色。从湖泊、河流到丘陵平原都有它们的身影，尤喜沼泽湿地。善游泳，主要以植物为食，也吃昆虫、蠕虫、软体动物等。无论是在保山青华海湿地，还是在大理洱海，我都多次拍到它，但我近距离拍到它最清楚的片子是在昆明市中心地带的翠湖公园。

苍鹭

苍鹭是鹭科的一种大型涉禽。因为它可以很长时间站在水边不动，又被人们戏称为“老等”。它颈长，腿长，通体以灰色为主。常成对或成群活动，在湖畔、河边等有水的湿地都能见到。此外，山地、沼泽、稻田也是它们爱去的地方。主要以小鱼、小虾、泥鳅、昆虫等为食。我在保山青华海湿地和昆明的盘龙江、大观河以及多个公园湿地一年到头都能拍摄到它。

白腰草鹬

白腰草鹬为鹬科小型鸟类。其头背部多为黑褐色，腰部、腹部、尾羽为大片的白色，很容易识别。经常单独活动在河谷、灌木丛、湿地等处。我在昆明瀑布公园第一次拍到它时，就只见到一只在沼泽里跳来跳去觅食。它以蜘蛛、小蚌、昆虫、田螺等小型无脊椎动物为主食。其主要栖息地为河湖、水塘、沼泽附近浅水处。

粉红胸鹨

粉红胸鹨是鹡鸰科小型鸟类。主要栖息于中高海拔的山地、草原、河谷、灌木丛。单独、成对或小群活动。我第一次看到它时，还以为它是树鹨，两者十分相像。食性较杂，繁殖期内，它主要吃昆虫；非繁殖期里，则主要吃杂草的种子。2023 年 12 月的一天，我在昆明瀑布公园一处沼泽地偶然拍到，它当时正在草丛里觅食。

灰头鸫

灰头鸫为鸫科中型鸟类。雌鸟和雄鸟相似。雄鸟的头、颈部为灰色，背部和胸腹部为栗棕色，两翅和尾巴为黑色。多栖息于中高海拔山地的混交林、阔叶林、竹林、针叶林中。胆小而机警。单独、成对或小群活动。食性杂，喜欢到地面觅食昆虫，也食用一些植物果实和种子。我在昆明世博园里一处混交林地拍摄到它。

白腰文鸟

白腰文鸟为梅花雀科小型鸟类。雌雄羽色相似，头背部黑褐色居多，腰部为灰白色。常集群活动。它不怎么吃虫子，而主要以稻谷、小米、草籽、果芽等为食。它性格活泼，容易驯养，讨人喜欢，以往曾经被当作笼中观赏鸟来饲养，还曾经被人当作会算命的鸟用来骗取钱财。我第一次拍到它是在昆明北郊海拔 2000 米左右的山间，曾经有 6 只成群出现在我的视野和镜头里。

彩鹮

彩鹮为鹮科大型鸟类，国家一级重点保护野生动物。其总体色彩较暗，体羽大部为青铜栗色，在阳光下散发出金属光泽。主要以水生昆虫等小型无脊椎动物为食。我是 2023 年的 12 月两次在昆明市晋宁区下村村口一处莲塘里拍到它的，这里紧邻滇池，它是一只亚成鸟，来到这个池塘捕食泥鳅、小虾等。近年来，在云南大理洱海、玉溪、普洱、红河等地也都发现了来越冬的彩鹮。它喜欢在温暖的湖泊、河流、沼泽地乃至水稻田里活动。

灰鹡鸰

灰鹡鸰是鹡鸰科小型鸟类。常栖息于中等海拔的湖泊、河谷、水塘、沼泽及山间溪流等近水地带。主要以昆虫为食，常成对活动或结小群活动。常常在地上边走边觅食，还能在空中飞行时捕食昆虫。喜欢独自或结对在有湖泊、河流、池塘的地方活动，是受保护的益鸟。

方尾鹟

方尾鹟是鹟科小型鸟类。长相很萌，其最明显的特征是头顶部的羽毛均为灰色，身体其他部分以黄绿色为主。主要以昆虫为食，时常与其他鸟类混群活动。虽说它常见于海拔 1000 米至 1600 米的山地，但我是在昆明北郊海拔约 2000 米的山林中几次拍到的。

赤麻鸭

赤麻鸭为鸭科较大型水鸟。头顶为白色，全身其余为黄褐色。其长相很像动漫及玩具造型，有点呆萌。栖息于草原、湖泊、农田等。常集结成大小不等的群体活动。食性较杂，主要以水生植物、鱼虾、昆虫及谷物等为食。我首次拍到它是在腾冲的北海湿地，空中列队飞翔姿态优美。云南的昆明、大理、保山、曲靖等地也能拍摄到。

普通鸬鹚

普通鸬鹚为鸬鹚科大型游禽。通体为暗色调，黑、褐、暗绿等色混杂。因其善于潜水，经常被渔民驯化捕鱼。我在大理就几次现场看到，当地白族渔民用驯化的普通鸬鹚在洱海里捕鱼。主要栖息于湖海之滨、河流水塘与沼泽地带等，以温热带水域为多。常成小群活动，通常以各种鱼类为食。我在大理洱海、丽江拉市海湿地、保山青华海湿地等处拍摄过它。

水雉

水雉是水雉科中型水鸟，国家二级重点保护野生动物。它有两个明显特点：一是雄鸟负责孵化和养育幼鸟，二是雌鸟体型比雄鸟大。水雉善于潜水和在水生植物如莲花等上面行走，常单独或者成小群活动。主要栖息于湖河之滨水草茂密的沼泽地或者池塘中，以水生昆虫、小虾等动物性食物为主，偶尔会采食植物根茎和种子。我是 2023 年夏天在保山青华海湿地第一次拍摄到它的，当时对雄水雉在雨中呵护其幼子印象深刻。

大拟啄木鸟

大拟啄木鸟为须䴕科中型鸟类。其最明显的特征：一是粗短的大嘴，二是背、腹、尾羽的绿色。栖息于中低海拔山地常绿阔叶林、混交林内。食性较杂，不仅吃植物花果和种子，也吃昆虫。喜欢单独或成对活动。我多次在保山百花岭拍摄到它，后来在昆明世博园又几次拍到。

银耳相思鸟

银耳相思鸟为画眉科小型鸟类。它色彩亮丽，可以用五颜六色来形容。因其长相讨人喜欢，叫声悦耳，曾经被作为笼中鸟饲养观赏。时而单独活动，时而成群活动。主要以昆虫为食，也吃草籽、花果、玉米、谷粒等。我在保山百花岭、昆明北郊山林、盈江犀鸟谷多次拍摄到它。

比氏鹟莺

比氏鹟莺为柳莺科小型鸟类。主要吃昆虫，喜欢单独活动。我在昆明北郊山中拍到后，曾就此专门请教了两位鸟类专家。其中一位专家说还要结合它出现的地方看是针叶林还是阔叶林。刚好那天我拍它时，它正在海拔约 2000 米处林间一小片间杂阔叶林的灌木丛中跳来跳去。

白颊噪鹛

白颊噪鹛为莺科中型鸟类。它很好识别，眼部有小块白色，其余全身大部分为深栗褐色。喜欢成群活动，常活动于海拔 2000 米以下的低山丘陵、平原及村庄附近，还不时出现在城市居民小区绿地和公园。主要以昆虫为食，也吃植物果实和种子。我在保山、昆明多次拍摄到它，而且还在自己居住的小区的一棵树上曾经一次拍到 2 只白颊噪鹛。

黄头鹡鸰

黄头鹡鸰是鹡鸰科小型鸟类。它很容易与灰鹡鸰混淆。但只要看两者头部就不难区分了。与灰鹡鸰和白鹡鸰相比，黄头鹡鸰最显著的标识是其雄鸟头部为鲜黄色，背部为黑色或灰色。多栖息于河湖之滨、水塘、农田、沼泽草地等。主要以昆虫为食。常单独、成对或成小群活动。我第一次拍到它是在滇池附近的小河边。

普通朱雀

普通朱雀是雀科小型鸟类。雄鸟头顶、腰、喉、胸呈红色或洋红色，背、肩为褐色或橄榄褐色。雌鸟以灰褐色为主。常栖息于中高海拔山地。因其性情温顺，毛色好看，曾被当作笼中鸟饲养观赏。常单独或成对活动。多以花果、种子、嫩叶等植物性食物为食，繁殖期里也吃点昆虫。我第一次见它是 2022 年 6 月在禄劝轿子雪山拍火尾太阳鸟时，那次的海拔高度约 3500 米，距离见到的普通朱雀雌鸟有上百米的距离，只拍到一只。第二次是在海拔约 2000 米的昆明北郊山间，一共拍到两雄一雌同框觅食。

灰背鸫

灰背鸫是鸫科中型鸟类。其雌雄鸟基本相似，身具灰、白、橙、黑 4 种色调。食性杂，主要以昆虫为食，也吃植物性果实、种子。喜欢单独或成对活动。我是 2023 年 12 月在昆明北郊海拔约 2000 米处的山林中拍摄到它的，当时只有一只出现。后来，在保山百花岭也曾拍到它。

棕脸鹟莺

棕脸鹟莺为鹟科小型鸟类。它的头部呈现栗红色，背部羽毛有大片绿色，腹部为白色。常栖息于常绿山林和竹林中，喜欢单独或成群活动。主要以昆虫为食。我是 2023 年 12 月在昆明世博园一处浓密的竹林里第一次拍摄到它在觅食。

小䴙䴘

小䴙䴘是䴙䴘科的一种小型水鸟。识别它，首先要学会读它的名字，其中有两个很不常见的生僻字“䴙䴘”，在汉语中读音为pìtī。最爱活动于水草丛生的湖泊池塘，非常善于潜水捕食。主要以鱼、虾、昆虫等为食。云南的滇池、洱海、抚仙湖等湖滨地带很容易拍摄到它。我最爱看它贴着水面飞行的样子，在昆明、大理等地多次拍到它。

灰喉鸦雀

灰喉鸦雀是鸦雀科小型鸟类。主要以昆虫为食。其红色头顶搭配灰白色的腹部，长相很萌，性情活泼。喜欢成群活动。我是在昆明北郊海拔约 2000 米处的山林中拍摄到它的。

白顶溪鸲

白顶溪鸲是鹟科小型鸟类。雄雌同色，头顶的白色与喉、背部的黑色十分醒目。一般单个或成对活动，主要以昆虫为食。它有垂直迁徙的特点，夏季在较高海拔的山地，冬季则飞到较低海拔地带。我在昆明金殿风景名胜区的山林里几次拍摄到它。

棕颈钩嘴鹛

棕颈钩嘴鹛是画眉科小型鸟类。其眼眉处、胸部等有明显白色斑点。活动方式为单独、成对或小群。胆子小，食性杂，主要以昆虫为食，也吃少许植物性食物。曾被作为笼中鸟饲养供观赏。昆明北郊山林中一年到头都能拍摄到它。我还在保山百花岭等地多次拍到它。

灰孔雀雉

灰孔雀雉是雉科大型鸟类，国家一级重点保护野生动物。在我国，主要见于云南省德宏州的盈江县、西双版纳州的景洪市和勐腊县。栖息于海拔 1500 米左右的热带雨林中，胆小而机警。主要以昆虫和植物叶、茎、果等为食。常单独或成对活动，常在地面上觅食。我 2020 年 11 月在盈江县石梯村采访时首次拍到它，后来再去石梯村时又多次拍摄到它。

红隼

红隼是隼科小型猛禽，国家二级重点保护野生动物。一般单个或成对活动。看上去，红隼高高在上，但很可能它就在我们身边，即使在城市上空也能见到它翱翔的身影。当然，它更喜欢栖息于山地和旷野，以便更好地搜寻老鼠、小鸟、青蛙、蜥蜴等猎物。云南的昆明、大理、怒江等地都能拍摄到。我几次在昆明北郊海拔约2100米处的山上拍到它，目睹它从伫立山顶的高压电线上俯冲捕食以及和喜鹊打斗的一个个精彩瞬间。

黄胸织雀

黄胸织雀为织雀科小型鸟类。见于云南普洱、临沧、西双版纳等地。主要栖息于河流、湖泊、沼泽等地带，会飞至稻田里啄食成熟的稻谷。喜欢成群活动，不太怕人。主要以稻谷、花果、种子等植物性食物为食，也吃点昆虫。它就像是鸟类中的建筑师，其最大特点是善于用自己粗短的喙将树叶、芦苇或稻草等制成丝，编织成葫芦状的巢穴。我是在保山市的昌宁县拍摄到它的。

黑胸鸫

黑胸鸫属鸫科中型鸟类。云南的昆明、保山、怒江、德宏、丽江、文山、玉溪、西双版纳等地有拍摄记录。其雄鸟头、胸部漆黑一片，极为醒目，容易识别。常单独或成对活动，性胆怯。栖息在海拔 1200 米至 1700 米的山地。多以昆虫和植物果实种子为食。我在保山、昆明都多次拍摄到它，甚至在昆明一处居民小区的绿树上也见过。

红胸啄花鸟

红胸啄花鸟是啄花鸟科小型鸟类。俗名红心肝、火胸啄花鸟。因雄鸟胸部具有一醒目的红色斑块而得名。雄鸟的头部、背部呈锃亮的金属蓝色，十分亮丽。单独、成对或集小群活动。喜欢在盛开花朵的树上觅食吃花。我第一次拍摄到它是2023年秋季在昆明的世博园。

红尾水鸲

红尾水鸲是鹟科小型鸟类。其雌雄颜色差异明显，雄鸟通体大都呈暗灰蓝色，尾羽为栗红色。单独或成对活动。常栖息于山地、平原的溪流与河谷沿岸，也见于水塘、水库与湖泊之滨，喜欢立在水边或水中石头上。主要以昆虫为食，也吃少量植物果实和种子。我首次拍到它的地方有些意外，竟然是冬季在昆明中心城区的翠湖公园，后来在瀑布公园也拍摄到。

斑胸钩嘴鹛

斑胸钩嘴鹛为画眉科中型鸟类。其明显特征是有尖而长的喙，胸部有斑斑黑点。喜欢栖息于灌木丛中，雌雄鸟常常搞双重唱，雄鸟一叫，雌鸟便及时回应，而且叫声极响亮。食物以昆虫为主，兼食植物性果实等。常成群活动。我在昆明北郊海拔 2000 米左右的山林里多次拍摄到它。在老鸟友看来，它也属于“菜鸟”。

锈额斑翅鹛

锈额斑翅鹛是噪鹛科小型鸟类，又名栗额斑翅鹛。主要栖息于海拔 1000 米以上的山地林中。雌雄羽色基本相似。通体呈棕褐色，双翼有明显的黑色横斑，头颈部具灰褐色的羽冠。主要以昆虫和一些植物果实和种子为食。我 2019 年 12 月在保山百花岭采访时拍摄到它，后来去时又几次拍到。

大斑啄木鸟

大斑啄木鸟为啄木鸟科中型鸟类。雌雄相似。主要栖息在山地、平原灌木丛等。有“森林医生”的美誉，系著名的益鸟。全身羽毛主要分为黑、白、红三种颜色。作为杂食性鸟类，大斑啄木鸟是令多数森林害虫感到害怕的天敌。喜欢单独或成对活动。我在昆明、保山等地都拍摄过它。

白喉扇尾鹟

白喉扇尾鹟为扇尾鹟科小型鸟类。雌雄羽色相似。其喉部为显著的白色，头与身体其他大部分为黑灰色。主要以昆虫为食。常单独或成对活动，尾羽常竖起并展开呈扇形，栖息于中等海拔的高山林地。我在昆明北郊海拔约2000米处的林间多次拍摄到它，每次见它总是不停地飞来飞去，其实是在空中飞行捕食。云南的保山、普洱、西双版纳等地也能拍到。

黑头奇鹛

黑头奇鹛是噪鹛科小型鸟类。顾名思义，其突出特征是头顶一直到后颈布满了浓郁的黑色。胸腹部的白色明显地衬托着其头部、背部的黑蓝色。常单独、成对或成小群活动和觅食，叫声悦耳清脆。主要以昆虫和虫卵为食，也吃苹果、柿子等植物果实和种子。我在保山百花岭和昆明世博园都拍摄过它。

大仙鹟

大仙鹟为鹟科小型鸟类。国家二级重点保护野生动物。雌雄羽色有较大差异，其雄鸟通体呈现蓝黑色，雌鸟呈橄榄褐色。胆子较大，爱单独或成对活动，不太怕人。主要以昆虫为食，能在空中捕食昆虫。我第一次拍到它是 2019 年 12 月在保山的百花岭，后来再去百花岭时又几次拍到它。

点胸鸦雀

点胸鸦雀是鸦雀科小型鸟类。云南的昆明、保山、大理、怒江、普洱等地都能见到。这是一种很招人喜欢的鸟，极其粗短的嘴和眼睛上下方两片不同大小的黑毛，映衬着棕栗色的头顶，看上去萌萌的。食性杂，主要吃昆虫，也吃草籽和植物果实。我 2023 年的秋天在昆明北郊海拔约 2000 米处的混交林中几次拍摄到它。

红喉山鹧鸪

红喉山鹧鸪为雉科中型鸟类。国家二级重点保护野生动物。一般栖息于中等海拔的山林。雄鸟喉部的小块红棕色非常醒目。常组成几只以上的小群在林下灌木丛和草丛中活动觅食。食性杂，主要以灌木和植物的根叶、芽、浆果和种子为食，也吃昆虫与蜗牛等。我第一次拍到它是 2019 年 3 月在保山百花岭一处海拔约 1660 米处的混交林，当第一眼看到它们出现时，感觉就好像看见了另外一种鸡，它们用爪子在地面扒拉刨食的行为和家鸡非常相似。后来，又在百花岭几次见到它。

宝兴歌鸫

宝兴歌鸫是鸫科中型鸟类。据介绍，它系我国特有物种。其雌鸟和雄鸟羽色相似，整个腹部白底色上布满了众多的黑色斑块十分抢眼，有鸟友将其比喻为水墨画。栖息于中等海拔的山地林中。通常单独或成对活动，主要在林下灌木丛中或地上寻觅昆虫为食。我在昆明北郊海拔约 2000 米处的山林中数次拍摄到它。

紫啸鸫

紫啸鸫为鹟科中型鸟类。如果远远看去，它似乎是黑色的，但近看却是蓝紫色。我几次见它都是单独活动，经常站立在树枝或石头上，尾羽会像扇子一样展开，还时常欺负其他小鸟。食性杂，爱在地面觅食，不仅吃昆虫，也吃点植物果实与种子。我多次在昆明北郊海拔约 2000 米处的山间拍摄到它，更有意思的是 2024 年大年初一的早上，我在小区漫步时忽然感到右前方一车库门前有个大鸟闪了一下，走近一看，竟然是它在前方一树下草地上觅食，顿感如同见到老朋友般地亲切。

树鹨

树鹨是鹡鸰科小型鸣禽。我感觉它和宝兴歌鸫很相似，褐、白色为主色调，胸部同样有一片黑丝斑点，只是体型要小些。食性杂，主要以昆虫为主食，也吃些草籽等植物性食物。我在昆明北郊海拔约 2000 米的山间几次拍摄到它。另外，保山百花岭等地也能拍到。

戴胜

戴胜为戴胜科小型鸟类。主要以虫子为食。它是被众人视为最好识别的鸟，因为其特点很鲜明：头顶凤冠，细长嘴。利用树上的洞做自己的窝。活动范围很广，无论平原、山地、森林，还是河谷、农田、路边、草地等，常用长长的嘴在地里探寻吃食。繁育期里，戴胜成鸟一次次不辞辛劳地飞到洞口给幼鸟喂食的镜头很经典，也很感人。我在大理洱海边及昆明北郊山间、滇池湿地都拍摄过它。

铜蓝鹟

铜蓝鹟为鹟科小型鸟类。雌鸟和雄鸟基本相同，只是雄鸟通体为更鲜艳的铜蓝色。多活动在山地林间，鸣叫声悦耳，喜欢单独活动，较大胆，常在空中飞捕小虫。主要以昆虫为食，也吃些植物果实和种子。在云南为留鸟，保山、昆明、临沧、普洱、怒江、文山、红河及西双版纳都能拍摄到。我在昆明北郊一处海拔近2000米的山林中拍到它。

栗腹矶鸫

栗腹矶鸫为鹟科小型鸟类。雌雄鸟色彩差异很大，第一观感完全是两种鸟。第一次在盈江犀鸟谷看见其雌鸟时，我还一度误以为它是另外一种新鸟。雄鸟头、喉、背部呈蓝色，胸腹部为栗红色。雌鸟头背部呈橄榄褐色，胸腹部布满了黑白褐色混杂的斑纹，有点类似宝兴歌鸫。主要栖息于中高海拔山地，常单独或成对活动，爱在地上觅食。主要以昆虫、小鱼、蜗牛等为食。我在昆明北郊、盈江的山林中都拍摄过它。云南保山百花岭、德宏盈江等地也能拍到。

绿背山雀

绿背山雀为山雀科小型鸟类，又称“青背山雀”。通体以黑白绿蓝色调为主，长相可爱。雌雄羽色相似，多栖息于中低海拔山区。活泼好动，食性杂，主要以昆虫为食，也吃少许植物性食物。我在昆明北郊山林、保山百花岭多次拍摄到它。

凤头雀嘴鹎

凤头雀嘴鹎属鹎科小型鸟类。它通体呈橄榄绿或黄绿色，尤其是头顶那一小撮朝前竖立的黑羽毛尤为醒目。栖息在中高海拔的山地林间、灌木丛草地中，喜欢成小群活动。为杂食性鸟类，既吃昆虫，也吃植物果实、种子等。以往曾被一些人当作笼中鸟饲养观赏。我在昆明北郊海拔 2000 米左右的山林中多次拍到。云南的南部、西北部、西部、西南部和东南部都可以拍摄到。

云南柳莺

云南柳莺是柳莺科小型鸟类。它雌雄羽色相似，与其他细分的柳莺不太好区分。我在昆明北郊海拔约 2000 米处的山地灌木丛中几次拍摄到。让我高兴的是 2024 年的元月，它竟然出现在我家窗外的石楠树上，而且被我连续抓拍了几张。它喜欢单独或成对活动。主要以昆虫为食。

红翅薮鹛

红翅薮鹛为噪鹛科鸟类，雌雄羽色大致相似。其脸部的红色非常耀眼，很像鸟界的“红脸关公”。主要见于云南的保山、怒江、普洱、临沧、红河等地。常栖息于中等海拔以上山地，爱到地面觅食。其食性较杂，主要以昆虫为食，也吃些植物果实、种子。我在保山百花岭多次拍摄到它。

黑头金翅雀

黑头金翅雀是燕雀科小型鸟类。雌雄鸟羽色大体相似。其头部为黑色，翅膀上有一块亮黄色的翅斑，腹部呈橄榄绿色。据说它寓意吉祥、和谐，象征着智慧、善于协调等。喜欢结成小群或大群活动，主要吃植物性食物。2023 年 12 月的一天，在昆明北郊海拔约 2100 米处的一棵树上，我远远地看到了一群黑头金翅雀，拍下来数了数大约有 40 多只。没想到的是，2024 年 2 月 12 日，就是大年初三上午大约 10 点钟，我和儿子在小区散步，竟忽然看到几只不一样的小鸟在左前方树上，有点像黑头金翅雀，连忙用随身带尼康小便携机 B700 拍了几张，可惜天阴光线太暗，加上来来往往的路人干扰，它们不停地飞向更高处，回去在电脑上放大一查，还真是黑头金翅雀，这是我在自己居住的小区里第一次拍摄到黑头金翅雀，后来又在昆明北郊山中多次拍到。

棕头雀鹛

棕头雀鹛为鸦雀科小型鸟类。主要栖息于海拔 2000 米左右的林地和灌木丛中。常单独、成对或三五只小群活动。食性杂，主要以昆虫、植物果实和种子为食。我几次在昆明北郊海拔约 2000 米处的山林中拍摄到它们成小群出现。

发冠卷尾

发冠卷尾是卷尾科中型鸟类。全身羽色呈黑色及绿蓝色，阳光下闪烁着金属般的光泽。一般单独或成对活动，很少成群。喜欢在树梢上觅食，是杂食性鸟类，主要以各种昆虫为食，时而吃点植物果实、种子等。我首次拍到它是在昆明北郊林间海拔约 2000 米处、相距上百米远的一棵大树上，后来又近距离拍到。

栗喉蜂虎

栗喉蜂虎是蜂虎科小型鸟类，系国家二级重点保护野生动物，被誉为“中国最美丽的小鸟”之一。其最明显特征为栗红色的喉部，绿色的翅膀和背部，蓝色的尾羽。在阳光下，其全身金属般的光泽极为美丽。主要以蜜蜂、苍蝇、蝴蝶、蜻蜓等为主要食物。以大小群活动居多，擅长在空中飞行时捕食。我直到2023年7月的一天才在滇西昌宁县拍到它。云南的大理、玉溪、保山、红河、昭通等地都有拍摄它的记录。

大嘴乌鸦

大嘴乌鸦为鸦科大型鸟类，俗称老鸦、老鸹，雌雄体型颜色相同，全身漆黑一片。我小时候在山东老家时常能见到。不论是高山、丘陵、海岸，还是平原、河谷、农田，都有它们的身影。典型的杂食性鸟类，爱吃腐肉、老鼠、昆虫、雏鸟、动物尸体等，也吃植物的果实、种子等。我在海拔3000多米的禄劝轿子雪山和2000多米的会泽念湖一带都拍过它。

夜鹭

夜鹭是鹭科中型鸟类。在云南一部分为留鸟，一部分属于夏候鸟。雌雄体型颜色相同。喜欢成群地在黄昏后出来活动，常会长时间伫立在岸边、水中的树桩上观察搜寻水里的猎物，主要以鱼、虾、水生昆虫等为食。我在昆明滇池草海湿地拍摄过它。

凤头䴙䴘

凤头䴙䴘为䴙䴘科中型鸟类。雌雄相似。喜欢在长有芦苇等水生植物的湖泊、江河、库塘和沼泽地带活动。善于长时间潜水。成对或成小群活动居多。杂食，吃昆虫、小鱼、虾、水生植物等。云南的昆明滇池、大理洱海、玉溪杞麓湖等地能拍到。我在晋宁一带的滇池湿地拍摄过它。

蓝眉林鸲

蓝眉林鸲是鹟科小型鸟类，雌雄颜色差异明显，雄鸟头部及整个背部为深蓝色，而雌鸟的主色调为褐灰色，两胁为橙黄色。多栖息于海拔 1500 米以上的山地。爱单独或成对活动，常在树林下或灌木丛中觅食，主要吃昆虫、植物果实等。我第一次拍它的雄鸟是 2019 年在保山百花岭，后来在昆明北郊海拔约 2000 米的山林多次拍摄到它。

喜山鵟

喜山鵟是鹰科中型猛禽。国家二级重点保护野生动物。常单独活动，主要吃动物性食物，比如老鼠、野兔、小鸟、蛇、大型昆虫等。能够以数小时的时间伫立于树枝或高压电线上等高处守候、搜寻猎物，极具耐心。我在昆明北郊海拔约 2000 米处的山间多次拍到它。近几年，在云南大理、腾冲、昭通等地都有喜山鵟的拍摄记录。

紫水鸡

紫水鸡是秧鸡科中型鸟类，国家二级重点保护野生动物。云南的剑川、腾冲、洱源、潞西、昆明等地都有拍摄记录。其突出特征为短而粗壮的红嘴，雌雄同型，体羽大都为紫蓝色。紫水鸡胆小，常数只成小群活动，多栖息于有水生植物的湖泊、河流、池塘或沼泽地。擅长在水面植物上行走，不善飞翔和游泳。主要以昆虫、软体动物、水草等为食。我曾在北海湿地、剑湖拍到它。

黑颈鹤

黑颈鹤是鹤科大型鸟类，国家一级重点保护野生动物。为我国特有鸟种，是世界上唯一生长、繁殖在高原的鹤。雌雄鸟基本相似，在我国藏族等人民心中被誉为“仙鹤”“吉祥鸟”。每年春季于 3 月中下旬迁徙到西藏、青海、甘肃和四川北部一带开始繁殖，秋季于 10 月中旬陆续抵达云南、贵州、西藏南部等地越冬。通常栖息于海拔 2500 米至 5000 米高原的沼泽地、湖泊及河滩地带。它食性很杂，多以植物的叶、根茎以及玉米、土豆、水藻等为食，也吃蛙、鱼、昆虫等。我第一次拍黑颈鹤是 2021 年春天，去昆明寻甸县的横河梁子，那次只拍到了 50 只黑颈鹤。同年 12 月和几位鸟友一起赶到曲靖市的会泽念湖二拍黑颈鹤，这里云集了众多的黑颈鹤、灰鹤等鸟类越冬，黑颈鹤多达上千只，拍得很过瘾。此外，云南迪庆的纳帕海湿地、昭通大山包等处，也是拍摄越冬黑颈鹤的好地方。

蓝喉太阳鸟

蓝喉太阳鸟为花蜜鸟科小型鸟类。雌雄鸟颜色差异很大，雌鸟远不如雄鸟美丽。雄鸟从头顶到背部的上半部为火红色，腰、腹黄色，长长的尾羽呈紫蓝色；雌鸟体型更小，且头背部呈橄榄绿色。一般单独或成对活动，栖息于中等海拔以上的常绿阔叶林、落叶混交林中，通常在盛开花朵的树枝叶间或一些植物花丛中食用花蜜，也吃点小昆虫等。这种拇指大的小鸟不停地在树叶间跳来跳去，要拍好它的“飞板”很不容易，需要多次拍摄来熟悉其习性，积累经验。我多次在昆明北郊海拔2000米左右的山间拍到它。

栗头八色鸫

栗头八色鸫为八色鸫科小型鸟类，民间又称其为“锅巴雀”。国家二级重点保护野生动物。作为一种主要栖息在热带、亚热带地区的鸟类，它在我国仅见于云南的德宏、西双版纳、红河等地。其特点，我为它概括了4句顺口溜：“长腿大肚皮，背部有暗绿，没有高颜值，但是很稀奇”。主要以昆虫为食，也吃点植物的种子和果实。喜欢独自或成对在林下潮湿地面觅食。我在云南省德宏州盈江县的石梯村一山坡林地拍摄到它。

凤头树燕

凤头树燕为凤头雨燕科小型鸟类，国家二级重点保护野生动物。它尽管与雨燕有相似之处，但最明显的特点是其头上长有直立的冠状羽毛，尾羽很长，十分美丽。在我国，仅见于云南的德宏、临沧、西双版纳等州市热带地区。很爱成群结队活动，不停地在空中盘旋飞行，可在飞行时捕食蚊子、飞蛾等，主要以昆虫为食。目前，鸟友们公认最佳观察拍摄它的地点是毗邻缅甸的盈江县石梯村小广场的几棵大树上，我正是在那里拍到它的。

纹背捕蛛鸟

纹背捕蛛鸟为花蜜鸟科小型鸟类，在太阳鸟科中体型明显较大。其最大的特点是拥有一张粗长而弯曲的尖嘴，整体色调为橄榄色，腹部有大片的黑色中央斑纹。通常单独或成对活动，主要以昆虫和植物的花果和种子等为食。我在保山百花岭与盈江县犀鸟谷几次拍摄到它。

大黄冠啄木鸟

大黄冠啄木鸟为啄木鸟科体型较大的鸟类，留鸟。最明显的识别标志是头顶有一撮橙黄色羽冠，雌鸟与雄鸟相似。它很容易与黄冠绿啄木鸟搞混，两者的区别是大黄冠啄木鸟的头部没有红色。通常单独或成对活动，主要以昆虫为主食，也吃植物的浆果。云南的保山、德宏、西双版纳等地都能观察到。我在盈江县石梯村附近的山坡上几次拍摄到它，而且还拍到了雌雄两只同框。

灰燕鵙

灰燕鵙（jú）是燕鵙科小型鸟类，俗称“灰伯劳”。嘴厚而短，通体以灰色为主，常成群活动。主要以昆虫为食，有时集成多达数十只以上的大群活动。它既能紧靠地面飞捕昆虫，也能像老鹰一样在相当高的空中捕食昆虫。云南的保山、德宏、红河、西双版纳等地可以观察到。我在盈江县石梯村小广场拍摄凤头树燕时，偶然在附近山坡的一棵大树上拍到一对。

印缅斑嘴鸭

印缅斑嘴鸭为鸭科大型鸟类。雌雄相似。在我国，主要见于云南的盈江、腾冲、普洱、丽江等地。无论是湖泊、水库、还是池塘、沼泽，甚至是农田等开阔地带都能见到其身影。常成对或成群活动，善于游泳潜水，主要以植物性食物为主。我在腾冲北海湿地和盈江县城附近一湖滨湿地都拍摄过它。

冕雀

冕雀为山雀科小型鸟类，雌雄相似。其头顶那撮黄色羽毛如同王冠，在背部、尾部的黑色羽毛衬托下极为醒目。单独或成小群出现，或与其他鸟类混群觅食，一般在海拔1200米以下的山地活动。主要以昆虫为食，也吃植物果实和种子。我在盈江县犀鸟谷拍摄红腿小隼时偶然远远地拍到，当时它们居然在同一棵大树上。

黑胸太阳鸟

黑胸太阳鸟为花蜜鸟科小型鸟类。云南的保山、德宏、普洱、西双版纳等多地可以观察到。雄鸟从头部至后颈的紫蓝色闪耀着金属般光泽，背部的一块红褐色很醒目，其尾羽很长。雌鸟头部及上体呈暗橄榄绿色，腹部为黄色，脚为黑褐色。常单独或成对活动，主要以植物花蜜、嫩叶和昆虫为食。我在保山百花岭、盈江县犀鸟谷都拍摄过它。

铜翅水雉

铜翅水雉是水雉科中型鸟类，国家二级重点保护野生动物。在我国很罕见，仅见于云南德宏、西双版纳等地区。它不像黑颈鹤那样爱情专一，而是一雌配多雄。通常单个或成对在沼泽湿地中活动觅食。主要以水生植物、小鱼、昆虫、蜗牛等为食。因为它体型太小，主要活动在湖水附近的浮萍和湿地里，所以拍摄难度较大。2024 年 1 月，有观鸟爱好者偶然在云南省德宏州盈江县的香额湖发现了一只铜翅水雉的踪迹。而我和几位鸟友在当年的 2 月 16 日就赶去，乘坐竹筏子在湖面上划来划去地找，才终于拍到了它。看它有点像彩鹮的感觉，飞行姿态优美。小小的铜翅水雉羽毛的色彩主要由铜绿色、黑色、栗色及一点白色组成，在阳光下放射出金属般的光泽。

白鹇

白鹇属于雉科大型鸟类，国家二级重点保护野生动物。云南的保山、德宏、普洱、文山等地能拍摄到。雌雄不同色。雄鸟不仅比雌鸟体大，而且比雌鸟漂亮。喜欢在海拔2000米左右、森林茂密的地带活动。食性杂，不仅吃植物的浆果、种子、嫩叶、花茎，也吃昆虫、蜗牛等动物性食物，据专家研究，其食物种类已近百种。我在盈江犀鸟谷的一片常绿阔叶林里拍到它。值得一提的是，自古以来，白鹇被誉为吉祥鸟、幸福鸟，也被视作正直、清白的象征，为历代文人雅士所歌咏，其图案还被清朝用在五品官员的官服上。而且，因它姿态十分优美，云南的舞蹈家们专门据此创作了“白鹇舞”。我特为它赋小诗一首：“貌美如天仙，穿梭大山间；自古为神鸟，清白世人赞。”

红嘴相思鸟

红嘴相思鸟为噪鹛科小型鸟类，国家二级重点保护野生动物。雌雄大致相似，鸣叫婉转动听，羽色华丽。从体型到颜色，它与银耳相思鸟颇为相似，明显的区别是红嘴相思鸟的嘴为火红色，系世界各地著名的笼养观赏鸟之一。通常成群活动，主要以昆虫为食，也吃植物果实、种子等。我在保山百花岭和盈江县石梯村附近山里一片常绿阔叶林里几次拍摄到它。

黄颈凤鹛

黄颈凤鹛为绣眼鸟科小型鸟类。雌雄羽色基本相似。多栖息于中等海拔山地。主要在树木枝叶间活动，以昆虫为食，也吃点植物果实和种子。我在保山百花岭和腾冲都几次拍摄到它。

灰翅鸫

灰翅鸫是鸫科中型鸟类。雌雄颜色差异很大，雄鸟通体黑色，雌鸟则呈橄榄褐色。雄鸟的嘴为橙黄色，翅膀上有一明显的灰白色翼斑。单独或成对活动，常在林下或地面觅食。主要以昆虫为食，也吃植物果实与种子等。我在保山、德宏等地均拍摄到它。

橙胸姬鹟

橙胸姬鹟为鹟科小型鸟类。常单独或成对活动。有关专家认为它属于垂直迁徙鸟，常活动于密闭森林的地面和低矮的灌木丛中。主要以昆虫为食，也吃植物果实和嫩叶。我在昆明北郊海拔2000米左右的一处混交林和保山百花岭等地拍摄到它。

红嘴钩嘴鹛

红嘴钩嘴鹛为林鹛科中型鸟类。我第一眼见到它时，还误以为是棕颈钩嘴鹛，不过，它的嘴为明显的橙红色。多活动于常绿阔叶林、竹林中。爱单独或成对活动，有时也成小群。主要以甲虫和其他昆虫为食，也吃植物果实和种子。我在云南盈江石梯村附近的山林里几次拍摄到它。

白眶雀鹛

白眶雀鹛为雀鹛科小型鸟类。单独、成对或成小群活动，尤其是秋冬时节常集群出没。活泼好动，主要以昆虫为食，也吃植物果实与种子。我在盈江县犀鸟谷的山林里拍摄到它。

红头鸦雀

红头鸦雀是鸦雀科小型鸟类，长相小而萌。最显著的识别标志在于其头部的红棕色和粗短的嘴，背和尾部为褐色，腹部羽毛为白灰色。它们既爱成群结队在有竹林的灌木丛活动，有时与其他类鸟混群出没。一般栖息于中低海拔山地。我在盈江县犀鸟谷山中的一片常绿阔叶林、混交林里多次拍到它。

白尾蓝仙鹟

白尾蓝仙鹟是鹟科小型鸟类。雄鸟头、背部为深蓝色，腹部蓝灰渐变为白色。常单独或成对活动。一般栖息于中等海拔以下的山地林中。多在树下灌木上活动和觅食，也能在空中捕捉昆虫，主要以昆虫为食。我在盈江县石梯村附近一处混交林拍摄到它。

红头咬鹃

红头咬鹃为咬鹃科大型鸟类，国家二级重点保护野生动物。其雄鸟头、颈、腹部的大片大片红色很好识别，尾羽为深栗色。雌鸟的头颈部为褐色，腹部有大片的红色。它们常年生活在热带雨林，单个或成对活动。主要以昆虫为食，也吃植物果实。我在盈江犀鸟谷一处混交林中几次拍摄到它。

星头啄木鸟

星头啄木鸟是啄木鸟科小型鸟类。作为啄木鸟的一种，它的雌鸟和雄鸟很相似。最明显的特点是雄鸟背部散布了众多白斑。主要以昆虫为食，有时吃点植物果实和种子，属益鸟。常栖息于平原或山地林中，爱单独或成对活动。我在保山百花岭及昆明北郊的山林里多次拍摄到它。

红原鸡

红原鸡为雉科大型鸟类，国家二级重点保护野生动物。民间俗称“野鸡、原鸡、茶花鸡、山鸡”等，系家鸡的祖先。难怪我们第一眼看到它时，马上会想到家养的大公鸡。雌雄体型、颜色明显不同，雄鸡色彩红艳亮丽，雌鸡整体色彩为相对暗淡的栗褐色且体型较小。常成群活动，栖息于热带及亚热带中低海拔地区的山林间。食性较杂，主要以植物为食，也吃昆虫等。我在盈江县石梯村附近的山林里几次拍摄到它。

霍氏旋木雀

霍氏旋木雀为旋木雀科小型鸟类。头背部为褐棕间杂白色，腹部为白色，臀部为棕色，其特点是围绕大树四周螺旋式爬升，用尖嘴从树皮中觅食昆虫。单独或成对活动。该鸟体型很小，加之颜色与树木接近，而且不停地盘旋跳跃，很不好观察与拍摄，需要有足够的细心与耐心。我在腾冲市境内的高黎贡山一处海拔约 1800 米的山林里拍摄到它。

双角犀鸟

双角犀鸟为犀鸟科大型鸟类，国家一级重点保护野生动物，十分珍稀。据介绍，它是留鸟。雌雄相似，但雄性体型略大，大嘴。栖息于热带亚热带海拔约1500米以下的常绿阔叶林中。在我国很罕见，仅见于云南的德宏、西双版纳等地。国内最佳拍摄它的地点就是盈江犀鸟谷。主要在树上以热带多种植物果实和种子为食，也吃昆虫、鼠类等动物性食物，食性杂且食量很大。双角犀鸟被誉为“爱情神鸟”，实行的是“一夫一妻制”，传说为一对云南傣族青年男女忠贞爱情的化身，因而，备受世人喜爱。每年二三月份是观赏它的极佳时期，会有全国各地的观鸟爱好者赶赴地处中缅边境地区的石梯村进行观察拍摄。我在云南盈江犀鸟谷一大树上远距离拍到雄鸟给雌鸟喂食。

花冠皱盔犀鸟

花冠皱盔犀鸟为犀鸟科大型鸟类。据介绍，它是留鸟，国家一级重点保护野生动物。雄雌两性的背部、腹部及翅膀以黑色为主。雌鸟比雄鸟略小，却比雄鸟更漂亮一些，头颈虽然显黑，但喉囊却呈蓝色。在我国很罕见，主要见于云南德宏州的盈江县。常成对或小群活动，食性杂，主要以植物果实为主，也吃蜥蜴、树蛙、蝙蝠等动物性食物。我在盈江县犀鸟谷的一处山林里远距离拍到了它们雌雄同框的片子。

栗头雀鹛

栗头雀鹛是雀鹛科的一种小型鸟类。见于云南的盈江、腾冲、凤庆、贡山、景东、澜沧等地。雌雄相似，头顶呈棕栗色。常成对或成小群活动。主要以昆虫为食，也吃少量植物果实与种子。我在腾冲市境内的高黎贡山一处海拔约 1800 米的树林里拍到它。

绒额䴓

绒额䴓为䴓科小型鸟类。雌雄大体相似。第一眼看上去，它与栗臀䴓很像，但比栗臀䴓的色彩更鲜艳，其红嘴和紫蓝色的背部非常亮丽。通常栖息于热带和亚热带地区的阔叶林及混交林中，主要以昆虫和植物浆果为食。单独、成对或成小群在树干上活动觅食。值得一提的是，在冬季食物匮乏时绒额䴓也会储存食物。我在盈江县石梯村附近的山林中拍摄到它。

白头鵙鹛

白头鵙鹛是幽鹛科小型鸟类。主要见于云南德宏州的盈江县、芒市。喜欢在热带亚热带阔叶林、竹林间等跳来跳去觅食，很活泼。单独、成对或成小群活动。主要以昆虫为食，也吃植物的浆果、种子等。它长得很可爱，头部、颈部及上腹部均为乳白色，背部主要为棕褐色，特征极鲜明，容易识别。我不仅在盈江县犀鸟谷的山林里多次拍摄到，还拍到了它们雌雄同框的片子。

白冠噪鹛

白冠噪鹛是噪鹛科中型鸟类。雌雄羽色相似。其头部宛如戴着一顶白色凤冠，胸腹部大部及头颈均为白色，背部羽毛为红锈色和栗色，眼睛周围呈黑色，外表特征鲜明。很喜欢成群活动，鸣叫声响亮。多栖息于热带亚热带中低海拔的常绿阔叶林、竹林中。主要以昆虫为食，也吃植物果实与种子等。我在盈江县石梯村附近海拔 600 米至 1000 多米的几处山林中多次拍摄到它。

栗头地莺

栗头地莺为树莺科小型鸟类。它很好看，头顶、颈部为栗红色，背部、腹部为偏暗的橄榄绿色。体长约10厘米，被誉为“中国体型最小的鸟类”之一。叫声尖响。喜欢隐藏在大树林阴暗潮湿的灌木丛中，因此要发现并拍好它很不容易，因为它体型太小而且几乎不停地跳跃。爱在长满苔藓的石头上寻找食物，常以昆虫为主食，偶尔吃点植物。我在腾冲市境内高黎贡山一处山林下的小溪旁和保山百花岭几次拍摄到它。

细嘴鸥

细嘴鸥是鸥科中的一种中型鸟类。偶见于大理洱海、昆明滇池和翠湖公园。体型和羽色与未成年或冬季的红嘴鸥相似。特征为红色的嘴，脚红，下部有点粉红色。与红嘴鸥越冬鸟的主要区别在于其耳部深色斑点较模糊，嘴也较纤细。通常成群在海岸、沙洲、岛屿、沿海沼泽地、咸水湖泊活动，偶尔也会进入内陆淡水湖泊、草地觅食，能将头、嘴插入水中倒立捕食鱼虾。主要以鱼、昆虫、海洋无脊椎动物等为食。国内早在1901 年 3 月和 1906 年 2 月，在云南大理就有过两次关于它的记录。2024 年 1 月，一只细嘴鸥混杂于前来昆明越冬的红嘴鸥大部队中，被发现其活动于滇池及市区内翠湖公园水塘，我正是借此良机在翠湖公园幸运地拍到它的身影。

乌鸫

乌鸫是鸫科的一种中型鸟类。乌鸫不是乌鸦，很好识别，雄性乌鸫只有短嘴和眼圈为黄色，其余全身皆黑。云南的昆明、玉溪、昭通、保山、红河、文山等地可观察到。经常活动于林区边缘外围、城镇乡村周边树林、田野等。食性很杂，不仅吃昆虫，也吃植物的种子和浆果。我在昆明一公园和小区的树林里几次拍摄到它。

绿翅金鸠

绿翅金鸠为鸠鸽科中大型鸟类，又称“绿背金鸠”。行动比较迟缓和笨拙。翅膀上的绿色极为醒目，嘴、脚为红色，下颈部和上胸部为棕褐色。栖息于热带亚热带中低海拔下的山地，通常单个或成对活动。主要以植物种子为食，包括玉米、稻谷、小麦等农作物，也吃昆虫、蜗牛等。我在盈江犀鸟谷的山林中拍摄到它。

黑冠黄鹎

黑冠黄鹎是鹎科的一种小型鸟类。细看，其头部为黑色并高耸着一小撮黑色羽冠，背部为橄榄褐色，胸腹部为黄色。善于鸣叫，声音悦耳。栖息于中低海拔下的山地，常成对或集小群活动，也会与其他鸟类混群出现。属杂食性鸟类，主要以植物性食物为食，也吃昆虫。我在盈江的石梯村附近山林及西双版纳热带雨林都拍摄到它。

金翅噪鹛

金翅噪鹛是画眉科的一种中型鸟类，特征简而言之是棕红头、灰脸、金翅，羽毛色彩艳丽。主要见于云南的西部、中部的中低海拔湿润山地。单独、成对或成小群活动。食性杂，昆虫与植物性食物都能吃。我在腾冲市境内高黎贡山一处林间几次拍摄到它。

纹胸鹛

纹胸鹛为林鹛科小型鸟类，头顶有一块明显的红棕色羽毛，胸腹部为黄绿色，两翅及尾羽为棕褐色。栖息于中低海拔以下的热带雨林、常绿阔叶林、竹林和溪流旁的灌木丛中，喜欢成对或小群活动。主要以昆虫为食，也吃植物叶、芽等。我在盈江县犀鸟谷的山林里拍摄到它。

栗背奇鹛

栗背奇鹛是噪鹛科小型鸟类。见于云南西部的德宏、南部的西双版纳等地。头部呈黑色，背部有一大块栗色，上胸腹部为白色，双翅呈带白斑的黑色，脚黄色，长尾羽黑色。栖息于中低海拔以下的常绿阔叶林中。单独、成对或成小群活动。主要以昆虫为食，也吃植物果实、种子等。我在盈江县石梯村附近一处混交林里拍摄到它。

红耳鹎

红耳鹎为鹎科小型鸟类。它和云南常见的黄臀鹎非常相似，头部也是黑色且耸立一撮黑色羽冠，背部也是褐色，颈胸部主要是白色，区别在于它的眼角后方有一小块火红色斑，尾羽有部分红色，栖息于热带和亚热带的常绿阔叶林中。善鸣叫，喜欢成群活动。食性杂，主要以植物花果、种子为食，也吃昆虫。我在盈江县犀鸟谷山林里几次拍摄到它。

酒红朱雀

酒红朱雀为燕雀科小型鸟类。与其他朱雀相比，红色更深。雌雄色彩迥异，雄鸟全身以深红色为主，雌鸟则整体主要呈现棕褐色。单独或结小群活动，能长时间站立不动。多栖息于海拔 3000 米以下的常绿阔叶林和混交林地带。食性杂，除了吃点昆虫外，主要以植物果实和种子为食。昆明的梁王山、保山百花岭等地可以拍摄到它。我在昆明北郊山林海拔约 2000 米处的一混交林地带 4 次拍到它，在保山百花岭也两次拍到它。

黑喉红臀鹎

黑喉红臀鹎为鹎科小型鸟类，民间俗称其“黑头公”，观赏性好。喉黑臀红，背部羽毛以灰褐色为主。喜欢栖息于中低海拔热带亚热带的次生阔叶林、灌木丛中，活跃好动。食性杂，主食为植物的花果、浆叶，也吃昆虫。成群活动。我在昆明北郊山中及盈江县犀鸟谷山林里多次拍摄到它。

钩嘴林鵙

钩嘴林鵙是钩嘴鵙科的一种中型鸟类。整体以褐灰色为主，外形与伯劳鸟有些相似。常栖息于平原和低山丘陵的常绿阔叶林、雨林、混交林中。成对或成小群活动。主要以昆虫为食，能在空中、水面捕食。我在盈江县犀鸟谷山林中拍摄到它。

长尾缝叶莺

长尾缝叶莺为扇尾莺科小型鸟类。雌雄相似。最显著的标志是头顶有一块棕红色羽毛，长尾巴经常向上翘起，背部多为橄榄绿色，胸腹部为黄白色。栖息于中低海拔的热带亚热带林地、灌木丛中，单独或成对活动。主要以昆虫为食，也吃少量植物果实和种子。它的不寻常之处在于“针线功夫”了得，能够在筑巢时将大树叶用枯草丝缝合起来。我在盈江县石梯村附近海拔约1000米的一处有竹子的常绿阔叶林地中拍摄到它。

原鸽

原鸽是鸠鸽科中型鸟类。俗称“野鸽子”。雌雄相似。全身以灰色为主，颈部有一片绿色和紫色。和斑鸠有些相似，常成群活动。常在城镇、村落、农田等四周活动，主要以植物种子和农作物为食。我在昆明盘龙江畔一处树林里拍摄到它们“踩背”（交配）。

白尾蓝地鸲

白尾蓝地鸲系鹟科小型鸟类。主要见于云南腾冲、盈江、芒市、凤庆、永德、孟连、景东、昆明、西双版纳等地。雌雄颜色不同。雌鸟上体呈橄榄黄褐色；雄鸟通体蓝黑色，长而黑的尾羽展开时可看到一片明显的白斑。主要以昆虫和昆虫幼虫为食，秋冬季节也吃少量植物果实和种子。我在盈江县犀鸟谷山林中多次拍摄到它。

长尾奇鹛

长尾奇鹛是噪鹛科的一种中型鸟类。主要见于云南芒市、盈江、澜沧等地。雌雄羽色相似。整体以深灰色为主，长长的尾羽上有白色斑。栖息于热带与亚热带中低海拔的山地，成对或成群活动。主要以昆虫为食，也吃植物花果和种子。我在保山百花岭、盈江县犀鸟谷的山林中都拍摄过它。

棕头幽鹛

棕头幽鹛为幽鹛科小型鸟类。据介绍，在我国，主要见于云南的德宏、保山、临沧、红河与西双版纳这5个州市。雌雄羽色相似，头顶为棕红色，胸腹部有明显的黑褐色纵纹。栖息于中低海拔的常绿阔叶林、竹林、灌木丛等地带，常单独或成对活动。主要以昆虫为食。我在盈江县犀鸟谷的山林里拍摄到它。

褐渔鸮

褐渔鸮是鸱鸮科大型鸟类。国家二级重点保护野生动物。通体以棕褐色为主，明亮的眼睛呈现金黄色。喜欢栖息于靠近水源的森林中。主要以鱼、蛙、水生昆虫等为食。多在下午以后出来活动，常常站立在水边较高的地方，比如树桩、枯枝上，能长时间密切监视着水面，一旦发现目标，便迅速地飞扑而下，直接从水中捕捉小鱼等。昆明、文山、红河、保山等地都有它的身影和拍摄记录。我在腾冲市一山村鱼塘处拍到它。

长嘴钩嘴鹛

长嘴钩嘴鹛是林鹛科小型鸟类。有尖而长的钩嘴，主体为栗褐色。与斑胸钩嘴鹛很像，主要区别在于胸部。栖息于热带亚热带中低海拔山地常绿阔叶林中，多以昆虫和一些植物花果为食。我在盈江县石梯村附近的一处常绿阔叶林中拍摄到它。

黄腹冠鹎

黄腹冠鹎为鹎科小型鸟类。主要见于云南的德宏、西双版纳等地。头顶有一小撮褐色羽冠，背部及尾羽呈褐色，胸腹部为柠檬黄色。栖息于中低海拔的常绿阔叶林、雨林、灌木丛中。食性杂，主要以植物果实和种子为食，也吃昆虫。我在盈江县犀鸟谷的几处山林中多次拍摄到它。

纯蓝仙鹟

纯蓝仙鹟为鹟科小型鸟类。雌雄异色，雌鸟以褐色为主；雄鸟头背部均为蓝色，十分亮丽可爱。多栖息于较低海拔的常绿阔叶林和竹林中。常单独活动，主要以昆虫为食，也吃些植物果实和种子。我在盈江石梯村附近一处海拔约 1060 米的山林中拍摄到它。

灰背伯劳

灰背伯劳系伯劳科小型鸟类。雌雄颜色大致相似。眼部黑色，头顶及背部大半为深灰色，胸腹部为棕白色混杂。从平原、农田到高海拔山地都有栖息，爱伫立在树干或电线上。食性较杂，主要以昆虫为食，也吃鼠类甚至杂草。我在盈江县犀鸟谷及昆明北郊的山林都拍摄到它。

褐脸雀鹛

褐脸雀鹛是雀鹛科小型鸟类。主要见于云南的德宏、临沧、西双版纳等州市。头顶褐灰色且有黑色侧冠纹，背部及尾羽为褐色与栗色，胸腹部呈棕色。多栖息于热带亚热带中低海拔的常绿阔叶林、灌木丛中。单独、成对或成小群活动。主要以昆虫为食，也吃少量植物果实与种子。我在盈江县石梯村附近的山林中几次拍摄到它。

灰燕鸻

灰燕鸻为燕鸻科小型鸟类，国家二级重点保护野生动物。顾名思义，有点像燕子。主要见于云南的南部和西南部。在昆明、蒙自、保山、盈江等地都有拍摄记录。它整体呈灰色，胸腹部为白色。喜欢栖息于大河沿岸的沙滩及附近的农田、沼泽。爱成大群活动，善于在水面和沼泽地上空飞翔捕食。主食为昆虫，时而也吃小的甲壳类和软体动物。我在盈江县城附近的大盈江边沙滩上拍到它，当时本想拍一只特写，但它们总是众多鸟儿在一起群起群落，只好拍下一群了。

东方白鹳

东方白鹳是鹳科大型涉禽，国家一级重点保护野生动物。自古代起就一直被视为祥瑞的象征，寓意着“幸福、长寿、吉祥”。它身上的羽毛以白色为主，不仅翅膀宽长，红色的腿、脚也长，姿态十分优美。喜欢栖息于湖泊、池塘、水库附近的浅水区、湿地和水田中。单独、成对、成大群活动都有。觅食主要在白天，以鱼、虾、蛙、大型昆虫等为食，冬春季则采食植物种子、叶等。寿命可达 48 年以上。近年来，云南的大理、曲靖、昭通等地都有拍摄记录。我在普洱市太阳河国家森林公园里拍到它。

灰树鹊

灰树鹊为鸦科中型鸟类，留鸟。云南的保山、大理、普洱、德宏等州市均有拍摄记录。它全身羽色由灰、褐、黑、白等色构成，栖息于山地阔叶林、混交林和灌木丛中。常成对或成小群在树上不停地跳跃。主要以植物果实与种子为食，也吃点昆虫等。我在盈江县犀鸟谷山林中拍到它。

金眶鸻

金眶鸻是鸻科小型鸟类。云南的昆明、盈江、江川、金平、蒙自、景洪、勐腊、芒市等地均可见到。其头颈部黑白相间，背部为褐色，胸腹部为白色。常栖息于河湖岸边、沙滩及水田附近，单个或成对活动，善行走。主要以昆虫为主食，也吃植物种子等，能够边走边捕食虫子。我在盈江县城附近的大盈江畔拍摄到它。

棕腹仙鹟

棕腹仙鹟为鹟科小型鸟类。云南境内分布较广，昆明、保山、怒江、德宏、玉溪、临沧、普洱、红河及西双版纳都有。它蓝黄色分明，十分美丽，雌雄颜色有明显差异。雄鸟的头颈及背部为蓝色，胸腹部呈棕黄色。单独或成对活动，可长时间伫立在树枝上观察。主要以昆虫为食，也吃少量植物果实和种子。我在保山百花岭、昆明北郊山林、盈江石梯等地都拍摄到它。

赤尾噪鹛

赤尾噪鹛为画眉科中型鸟类。据介绍，它是国家二级重点保护野生动物。雌雄颜色相似，它的明显特征是：头、颈、两翅和尾羽均为红色，其他部分大都呈橄榄色。多栖息于海拔一两千米的常绿阔叶林、竹林及灌木丛地带。常成对或成小群活动，叫声响亮，主要以昆虫和植物果实与种子为食。我在保山百花岭、盈江犀鸟谷拍摄过它。

黄嘴河燕鸥

黄嘴河燕鸥是鸥科中型鸟类。据介绍，它是留鸟，国家一级重点保护野生动物。数量极其稀少，属于濒危物种，亟须保护。在我国，仅见于云南德宏州的盈江、芒市及西双版纳。头顶及后颈黑色，大嘴呈黄红色，胸腹部为灰白色，姿态优美，常单独或成两三只小群活动。一般只栖息于淡水流域，常在河流水域上空飞行盘旋，会突然插入水中捕猎。主要以小鱼、蛙及水生昆虫等为食。据媒体报道，2020 年 1 月，全国只有盈江发现了 13 只。我于 2024 年 2 月 15 日（正月初五）首次在盈江县城附近的大盈江畔拍摄到它，当时仅见到 3 只。

白冠燕尾

白冠燕尾属鹟科中型鸟类，又名“水鸦雀”。雌雄羽色相似，整体主要呈明显的黑白色，其前额为白色，左右两翅有白斑，头颈、胸部黑色，下腹部白色，两翅黑褐色具白色翅斑。一般栖息于有溪流的山涧及河谷岸边，喜水，性胆怯，常单独或成对活动，主要以各类昆虫为食。我在盈江犀鸟谷的山林中拍摄到它。

大盘尾

大盘尾是卷尾科大型鸟类。国家二级重点保护野生动物。雌鸟与雄鸟相似，但体型较小。它的外形和小盘尾比较相似，但体型较大。其雄鸟通体闪耀着黑蓝色的金属般光泽，尾部飘拂着两根如五线谱音符般长长的尾羽，飞行姿态优美。栖息于热带和亚热带地区的常绿阔叶林、竹林中。常单独或成对活动，主要以昆虫为食，也吃蛙、蝎子等小动物。我在盈江犀鸟谷和保山百花岭多次拍摄到它。

蓝绿鹊

蓝绿鹊为鸦科中型鸟类。国家二级重点保护野生动物。羽色美丽，红嘴，喉、背、胸腹部的绿色极为醒目。多栖息于热带亚热带常绿阔叶林、竹林等山地，常单独或成对活动，有时亦集结成 3 至 5 只的小群，主要在树上寻觅昆虫为食。我在盈江县犀鸟谷山林中多次拍摄到它。

黑头穗鹛

黑头穗鹛是林鹛科小型鸟类。其头顶有白色纵纹的黑褐色，很显眼，眼周为白色，身体其余多为橄榄褐色。主要栖息于热带亚热带中低海拔山地的常绿阔叶林、竹林和灌木丛中。单独或成对活动，冬季则多集成小群，主要以昆虫和昆虫幼虫为食。我在盈江县洪崩河一带山林中几次拍摄到它。

橙腹叶鹎

橙腹叶鹎为叶鹎科小型鸟类，很亮丽的留鸟。雌雄羽色大致相似，雌鸟体型较小。头、背、上胸部以绿色为主，腹部及尾下为橙黄色。多栖息于中低海拔山地的常绿阔叶林、混交林等中。常成对或小群活动，主要以昆虫为食，也吃部分植物果实和种子。我在盈江犀鸟谷和西双版纳的山林中都拍摄到它。

小黑领噪鹛

小黑领噪鹛为噪鹛科中型鸟类。胸部有一环状黑色带，头、背部棕褐色。多栖息于中低海拔山地的常绿阔叶林、竹林及灌木丛中。常成群活动。主要以昆虫为食，也吃植物果实与种子。我在盈江县洪崩河一带森林中拍摄到它。

灰眼短脚鹎

灰眼短脚鹎是鹎科中小型的鸟类。栖息于热带和亚热带山地，喜欢在果树林活动，单独或成群出现，食性杂。主要以植物果实和种子为食，也吃昆虫。我在盈江犀鸟谷附近的山林中几次拍摄到它。

白喉红臀鹎

白喉红臀鹎为鹎科小型鸟类。与黄臀鹎的主要区别是其臀部为红色，头顶为黑色而富有光泽，喉咙及胸腹部呈灰白色，背部为褐色。善鸣叫，爱成小群活动，时而与黄臀鹎混群。多栖息于低山丘陵次生林、竹林、灌木丛乃至城镇、村庄的小树林里。食性杂，主要以植物花果、叶子、种子等为主，也吃昆虫。我多次在昆明一居民小区里的树丛中拍摄到它。

灰冠鹟莺

灰冠鹟莺为柳莺科小型鸟类。其全身呈黄绿色，头顶灰蓝色，有黑色的顶纹，黄眼圈后有缺口。栖息在中等海拔山地的常绿阔叶林、竹林中，垂直迁徙，主要以昆虫为食。云南的大理、昆明、保山等地都有记录。我于春季、冬季在昆明北郊海拔约 2000 米处的混交林中多次拍摄到它。

红腿小隼

红腿小隼是隼科小型鸟类。国家二级重点保护野生动物。它被誉为世界上体型最小的猛禽，只有麻雀般大小。见于云南西部德宏州的盈江，因为栖息地狭窄，其数量极为稀少。它虽然凶狠，但长相呆萌可爱，喉、胸、腿、臀部及尾下羽毛等为红棕色，嘴灰色，眼部到耳后有一条黑色纹带，背部及尾羽上方呈黑色，喜欢成小群活动。主要以小鸟、蜥蜴、昆虫、蛙等为食。我一次在盈江县洪崩河谷一棵高高的大树上远远地拍到3只红腿小隼在一起。

灰腹地莺

灰腹地莺为树莺科小型鸟类。雌雄羽色大体相似，其头部、后颈、背部、翅膀呈橄榄绿色，胸腹部为灰白色。主要栖息于中等海拔以下的热带亚热带山地湿润的常绿阔叶林、竹林中。单个或成对活动，多在林下灌木丛中觅食，主要以昆虫为食。此鸟很不容易观察和拍好，因为它不仅太小，还常活动在林下阴暗潮湿的地方，通常悄悄地从灌木丛中跳出，几乎不停地跳来跳去，常常还没看清或对好焦，它就突然跳入灌木丛中，拍摄它时需要瞪大眼睛、集中精力，一刻也不能放松。我在盈江县太平镇雪梨村附近山坡一处阔叶林中拍到它。

绿头鸭

绿头鸭为鸭科大型游禽，系我国饲养家鸭的祖先。在云南，昆明的滇池、大理的洱海、保山的青华海湿地等常年都能看见它的身影。通常结群活动于湖泊、江河、水塘乃至海湾，尤其喜欢栖息于水生植物丰富的淡水湖畔。雌雄不同色，雄鸭色彩亮丽，其最耀眼的便是头、颈呈绿色，闪烁着金属般光泽。属杂食性鸟类，主要以野生植物的茎、叶、芽、水藻和草种为食，也吃昆虫等动物性食物。我在昆明滇池畔、保山青华海湿地等处多次拍摄到它。

火尾希鹛

火尾希鹛为噪鹛科小型鸟类。云南的昆明、大理、昭通、保山、怒江、临沧、红河、文山等州市均有分布。雌鸟和雄鸟的颜色大致相似，其头顶、眼部与颈部可谓黑白分明，背部有栗色，尾羽有红棕色。常栖息于中等海拔山地的常绿阔叶林、混交林、竹林中。多成对或成群活动，主要以昆虫为食，也吃植物果实与种子。我在保山百花岭几次拍摄到它。

蓝翅噪鹛

蓝翅噪鹛为噪鹛科中型鸟类。主要见于云南的保山、怒江、德宏、玉溪等州市。全身主色调为橄榄褐色或暗棕色，多成对或成小群活动，栖息于中等海拔以下的常绿阔叶林或山地，其飞行能力较弱。喜欢在林下灌木丛或地面觅食，主要以昆虫和植物果实与种子为食。我在保山百花岭多次拍摄到它。

小仙鹟

小仙鹟为鹟科小型鸟类。雌雄不同色。雄鸟头部呈深蓝色，雌鸟则以橄榄褐色为主。比大仙鹟体型小，且胸部为灰蓝色，臀部为灰白色，嘴黑色。栖息于中等海拔以下山地的常绿阔叶林、竹林及林下灌木丛中，常单独或成对活动，主要以昆虫为食。我在昆明北郊山林、保山百花岭等地都拍摄到它。

棕腹柳莺

棕腹柳莺系莺科小型鸟类。雌雄羽色大致相似，头部、背部主要为橄榄绿色，胸腹部为棕黄色。多栖息于中高海拔山地的阔叶林、针叶林缘的灌木丛中，一般垂直迁徙。单独、成对或成小群活动，主要以昆虫为食。云南的昆明、大理、保山、德宏等地都有拍摄记录。我在昆明北郊海拔约 2000 米处的一片混交林中拍摄到它。

淡黄腰柳莺

淡黄腰柳莺是柳莺科小型鸟类。其头顶、眼部有白色的长眉纹和顶纹，腰部浅黄色，翅膀上有两道黄色的翼斑，腹部呈灰白色。多栖息于针叶林和针阔叶混交林地。性活泼，常单独或成对活动，主要以昆虫为食。我在昆明北郊海拔约 2000 米处的一片混交林中拍摄到它。

白领凤鹛

白领凤鹛为绣眼鸟科小型鸟类。云南的昆明、保山、玉溪、丽江、怒江、临沧、普洱有记录。雌雄羽色相似。其最醒目的标志是头顶至颈后有一撮白色与褐色混杂的羽冠，背部也为褐色，胸腹部呈灰白色。多栖息于中等海拔山地的阔叶林、混交林、竹林中。单独、成对或小群活动，主要以昆虫为食，也吃植物果实与种子。我在昆明北郊一处海拔约 1900 米的混交林中多次拍摄到它。

山蓝仙鹟

山蓝仙鹟为鹟科小型鸟类。其雄鸟头部、背部呈蓝色，喉、胸、两胁亦为橙黄色。主要栖息于中低海拔山地的常绿阔叶林、次生林和竹林中。鸣叫声悦耳，多单独活动，有时也成对出现。主要以昆虫为食，也吃少量植物果实和种子。我在盈江县犀鸟谷的山林中拍摄到它。

大杜鹃

大杜鹃为杜鹃科的一种中型鸟类，全国各地基本有分布。雌雄大致相似，整体呈灰蓝色，腹部多为灰白色横纹，眼睛为橙黄色。栖息于山地、丘陵和平原地带的森林，喜欢出没在近水的大树上，常单独活动。它就是人们常说的“布谷鸟”，鸣叫声响亮，发出“布谷——布谷”的叫声。在我国民间，它被誉为“报春鸟”，还提醒农民们该撒种播种了。主要以农林害虫为食，是深受人们喜爱的益鸟。我在大理洱海边一处树林里拍摄到它。

红胁蓝尾鸲

红胁蓝尾鸲为鹟科小型鸟类。从低山丘陵、平原到中高海拔地带的针叶林、混交林及灌木丛等都有它们活动的身影。雄鸟的头、背部为蓝灰色，两胁有显著的橙红色。雌鸟头、背部主要呈橄榄褐色，腹部为灰白色，两胁有明显的橙色，单独、成对或成小群活动。食性杂，主要以昆虫为食，也吃少量植物果实与种子等。我在昆明北郊山地一处海拔约 1900 米的混交林中拍摄到它。

纯色啄花鸟

纯色啄花鸟是啄花鸟科的一种小型鸟类，也被称作“绿啄花鸟”。多见于亚热带湿地山林、低山开阔林地或种植园中。其头部、背部为橄榄绿色，胸腹部呈浅灰色。性活泼，常单独或成对活动，有时与其他小鸟混群。常以植物花果、花蜜和种子为食，也吃少量昆虫。保山青华海湿地、中国科学院西双版纳热带植物园等处有拍摄记录。我在昆明世博园拍摄红胸啄花鸟时拍到了它。

凤头麦鸡

凤头麦鸡为鸻科中型鸟类，国家二级重点保护野生动物。云南的昆明、大理、保山、丽江、玉溪、昭通等地都有它的拍摄记录。雌雄鸟基本相似，就雄鸟而言，突出特征是头顶有一小撮细长而弯曲的黑色羽冠，暗绿色的背部闪烁着金属般的光泽，身上还混杂着灰白色和黑褐色斑纹。喜欢栖息于平原、草原、低山丘陵地带附近的河湖、溪流、水塘、沼泽和农田一带，成小群或上百只的大群活动。食性杂，主要以昆虫为食，也吃草籽、植物嫩叶、蜗牛、蚯蚓、小虾等。我在保山青华海湿地附近的沼泽地远远地拍摄到它。

大白鹭

大白鹭是鹭科大型鸟类。雌雄相似，黄眼，黄嘴（繁殖期变黑色），脚黑色，全身羽毛洁白，体态优美。多栖息于河湖畔、水塘、海滨、沼泽湿地乃至水田中。性机警，喜欢在白天单独觅食，也会成小群活动。能走能飞。主要以小鱼、虾及水生昆虫、贝类等为食。因其姿态优美、洁白无瑕，深受人们喜爱，历代文人雅士写有不少歌咏白鹭的名篇，如唐朝著名诗人杜甫的佳句："两个黄鹂鸣翠柳，一行白鹭上青天。"我在滇池畔、洱海边以及昆明的一些河滨湿地等多次拍摄到它。

中白鹭

中白鹭是鹭科大型鸟类。体型介于大白鹭和白鹭之间。常栖息于河湖、沼泽及稻田。雌雄同色，全身雪白，嘴大部分为黄色，嘴尖、脚为黑色。夏季时，背和前颈下部有长的蓑羽。多单独或成小群活动，主要以鱼类、蛙类、昆虫为食。能长时间站立水边静候猎物到来。其姿态优雅，观赏价值高，很受人们喜爱。我在中国科学院西双版纳热带植物园拍摄到它。

紫颊直嘴太阳鸟

紫颊直嘴太阳鸟为花蜜鸟科小型鸟类。雄鸟色彩艳丽，头枕和翅膀呈蓝绿色，喉、胸部为橙红色，腹部为柠檬黄色；雌鸟总体以橄榄绿为主，喉、胸部为橙红色。主要栖息于热带低海拔地带常绿阔叶林，一般单独或成对活动，有时也成小群。主要以植物的花果、蜜浆等为食，也吃昆虫等。因为此鸟很亮丽，所以许多鸟友都在追拍它，有人去几次都没有拍到。我运气不错，3 月在中国科学院西双版纳热带植物园里一去就拍摄到了它。

白腰鹊鸲

白腰鹊鸲为鹟科中型鸟类。雌鸟羽色和雄鸟大致相似，雄鸟的头、背为黑色，腰和尾羽有一点白色，胸腹部为栗红色。它和平常我们多见的鹊鸲的最大区别是其尾羽很长，此外胸腹部颜色也不同。多栖息于热带中低海拔的山林及竹林中，常单独活动，主要以昆虫为食。我在中国科学院西双版纳热带植物园里一处林地拍摄到它。

家八哥

家八哥为椋鸟科中型鸟类。主要栖息于中低海拔的低山和山脚平原地带。嘴黄色，头、颈黑色，背部为褐灰色，腹部也以褐灰色为主，脚黄色。爱成群活动，喜欢靠近人类居住地，常在地面活动和觅食，主要以昆虫为食，也吃植物果种、谷粒等。我在中国科学院西双版纳热带植物园及附近多次拍摄到它。

蓝喉拟啄木鸟

蓝喉拟啄木鸟是拟啄木鸟科小型鸟类。色彩艳丽，叫声响亮。雄鸟通体为蓝绿色，其前额、头枕处的两块红色斑十分醒目。主要栖息于中低海拔山地、沟谷、山脚平原地带的常绿阔叶林中，常单独或成对活动。多以植物花果、种子等为食。我春季在中国科学院西双版纳热带植物园里一棵大树上和保山百花岭多次拍摄到它。

绿嘴地鹃

绿嘴地鹃为杜鹃科大型鸟类。雄鸟通体绿灰色，眼睛红色，尾羽较长。常单独或成对活动，多栖息于低海拔山地原始森林、竹丛或灌木丛中。主要以昆虫为食，也吃植物果实和种子。我 3 月行走在西双版纳热带雨林中的一处原始森林时，偶然在一大树顶部枝叶间发现它并拍摄下来。

赤胸拟啄木鸟

赤胸拟啄木鸟是拟啄木鸟科小型鸟类。主要见于云南的西双版纳、德宏、临沧、普洱等地。雄鸟通体呈灰绿色，前额、颈下及胸部各有一块红色带很耀眼，头呈黑色。常栖息于低海拔山地的阔叶林，也会出现在城镇周边丛林。单独活动居多，有时也成小群。多以植物果实和种子为食，也吃昆虫。春季某一天的中午时分，我在中国科学院西双版纳热带植物园里一棵大树顶上逆光拍摄到它。

血雀

血雀为燕雀科中型鸟类。国内最佳拍摄地是保山百花岭，被誉为百花岭的“神鸟”之一。雌雄颜色截然不同，其雄鸟除了嘴是黄色，全身主要呈血红色，故得名；雌鸟主要呈橄榄褐色，嘴为黄色。它们通常栖息于海拔 2000 米以上的山林中，最高海拔达 4000 米，在栖息地垂直迁徙。一般成群结队出现，也有单独或成对活动的。食性较杂，不仅吃花果、种子，也吃昆虫。由于它象征着光明、喜庆、红火，又在民间被视为神鸟朱雀的化身，所以历来备受世人喜爱和国内外众多观鸟爱好者的追捧。其最佳拍摄时段为每年的二三月份。我是 3 月在保山百花岭拍摄到它的。

白眉鸫

白眉鸫为鸫科中型鸟类。其雄鸟眼部有一长而明显的白色眉纹，眼睛下方还有一白斑，背部整体为橄榄褐色，两胁与胸部多为橙黄色。爱单独或成对活动，常栖息于中等海拔以上的混交林、草坡中，喜欢靠近有水的林地。食性杂，主要以昆虫为食，也吃植物果实与种子。据介绍，它在云南属于冬候鸟或旅鸟。我 3 月在保山百花岭拍摄到它。

长尾地鸫

长尾地鸫是鸫科中型鸟类。与宝兴歌鸫、光背地鸫很相似。雌雄基本相似。其头部、背部为棕褐色，胸腹部呈白底鳞状黑斑，尾羽相对较长。常栖息于中高海拔山地林下灌木丛中，单独或成对在地面活动。食性杂，主要以昆虫为食，也吃植物果实和种子。我春季在保山百花岭拍摄到它。

灰眶雀鹛

灰眶雀鹛是画眉科小型鸟类。其最明显的特征是包括脸、颈在内的整个头部为显著的灰褐色，嘴呈黑色，背部与尾羽为橄榄褐色，胸腹部多为黄棕色。栖息于中等海拔以下的山地林中及灌木丛中，成对或成小群活动。属杂食性鸟类，主要以昆虫为食，也吃植物浆果种子。我在保山百花岭拍摄到它。

黄颊山雀

黄颊山雀为山雀科小型鸟类。雌雄基本相似，雄鸟头顶有一簇明显的黑色羽冠，脸颊和颈侧呈黄色，背部多为黄绿色，胸部有黄黑色混杂。不同亚种之间羽色有细小差别。性活跃，多栖息于中低海拔山地的常绿阔叶林、混交林及灌木丛中，常成对或成小群活动。多以昆虫为食，也吃植物果实和种子。我春季在保山百花岭几次拍摄到它。

喜山短翅鸫

喜山短翅鸫系鹟科小型鸟类。爱栖息于中高海拔山地的常绿阔叶林及林下灌木丛中。雌雄颜色差异很大，其雄鸟通体为深蓝色，眼部有细长的白色眉纹，嘴呈黑色。常单独活动，胆小。主要以植物果实为食，也吃昆虫。在云南为不常见的留鸟。我 3 月在保山百花岭拍摄到它。

秃鹫

秃鹫为鹰科大型猛禽。国家一级重点保护野生动物。多栖息于低山丘陵、高海拔荒岩、山间溪谷、平原荒漠等。除其颈部有少部分灰白色外，通体呈黑褐色。常单独在白天活动，有时也会成群出现。多以哺乳动物的尸体为食，也会攻击鸟类和家禽等动物。云南的迪庆、丽江、大理、保山、昭通、怒江等地都有它的拍摄记录。为收录这种珍稀猛禽，我去云南野生动物园内海拔 2000 米左右的山中拍到了它的“标准照”。

剑嘴鹛

剑嘴鹛为林鹛科小型鸟类。据介绍，在我国仅见于云南西南部的保山、怒江等地。雌雄羽色相似，其最醒目的特征是雄鸟有烟灰色头部和细长向下弯曲的嘴，胸腹部为橄榄棕色。主要栖息于中低海拔山地的常绿阔叶林、竹林及林下灌木丛中等。单独、成对或成小群活动。食性杂，主要以昆虫为食，此外也吃植物浆果、花蜜等。我春季在保山百花岭拍摄到它。

白喉姬鹟

白喉姬鹟为鹟科小型鸟类。见于云南西南部的保山、德宏。其整体多为灰褐色，最醒目的是其喉咙部的一大块白色。主要栖息于海拔 2000 米以下的常绿阔叶林、林下灌木丛。常单独或成对活动，胆小，一有风吹草动便迅速躲藏于树丛或草丛中。主要以昆虫为食。我 3 月在保山百花岭拍摄到它。

斑喉希鹛

斑喉希鹛为噪鹛科小型鸟类。见于云南的保山、怒江、德宏、临沧、普洱。雌雄羽色相似。其头顶长有一棕黄色的羽冠，喉咙处有黑白混杂的斑纹，背部呈灰色，还有醒目的黄色眼圈。多栖息于中等海拔的常绿阔叶林、混交林、竹林和灌木丛中。单独、成对或小群活动。属杂食性鸟类，主要以昆虫为食，也吃植物果实和种子。我春季在保山百花岭拍摄到它。

淡眉柳莺

淡眉柳莺为柳莺科小型鸟类。栖息于低海拔到中高海拔山地，单独、成对或与其他鸟混群活动。易与黄眉柳莺混淆。雌雄羽色相似，头背部为橄榄绿色，眼部有浅黄色的长斑，胸腹部为黄白色。主要以昆虫为食。我在保山百花岭拍摄到它。

灰林䳭

灰林䳭（jí）是鹟科小型鸟类。雄鸟背部呈褐灰色，白喉，胸腹部多为灰白色，眼部与嘴为黑色。栖息于低海拔到中等海拔山地的常绿阔叶林、混交林、灌木丛，常单独或成对活动。主要以昆虫和昆虫幼虫为食，也吃植物果实和草籽。我春季在昆明北郊海拔约 2000 米的一处山林里多次拍到它。

鳞胸鹪鹛

鳞胸鹪鹛为鳞胸鹪鹛科小型鸟类。系不常见鸟。栖息于中高海拔山地常绿阔叶林、阴暗潮湿的灌木丛、腐烂木头和有苔藓的地方。常悄无声息地出现在阴暗处，短暂数秒钟就躲藏进灌木丛里，不太容易拍摄清楚。雄雌同色，通体呈暗橄榄褐色，极短的尾羽看起来就像没有尾巴一样。我春季在保山百花岭一山林灌木丛附近，从第一次没看清到后来几次耐心等待、仔细观察，才算比较清楚地拍下了它的身影。

纵纹绿鹎

纵纹绿鹎为鹎科小型鸟类。见于云南的西部、南部，种群数量稀少。头部有褐绿色羽冠，背部呈橄榄绿色，胸腹部密布白色斑纹。常栖息于热带亚热带中等海拔山地常绿阔叶林、灌木丛中，单独或成小群活动。主要以植物浆果、种子等为食。我春季在保山百花岭、德宏盈江都拍摄到它。

西南冠纹柳莺

西南冠纹柳莺为柳莺科小型鸟类，又名布氏冠纹柳莺。与其他冠纹柳莺很容易混淆，需要将所拍摄到的图片借助相关书籍与识鸟 App 来仔细辨别。栖息于中低海拔山地的常绿阔叶林、混交林、竹林、灌木丛中。垂直迁徙，单独、成对或成小群活动。主要以昆虫为食。我 3 月在保山百花岭及昆明北郊山林都拍摄到它。

黑喉山鹪莺

黑喉山鹪莺为扇尾莺科小型鸟类。其头背部为棕褐色，长尾经常上翘，喉部间杂黑色。栖息于热带亚热带中低海拔山地树林附近灌木、草丛中。单独、成对或成小群活动。主要以昆虫为食，也吃植物果实和种子。我在保山百花岭和昆明北郊山林都拍摄到它。

白胸翡翠

白胸翡翠是翠鸟科小型鸟类。国家二级重点保护野生动物。其头部、颈部、腹部呈棕色，背部翠蓝色，喉、胸部为白色。常单独长时间站在水边树枝上或电线上，盯着下方水面，一发现水中猎物便疾速飞下，扎入水中搜捕。主要以鱼、虾和水生昆虫等为食。云南的德宏、大理、保山、玉溪等地有拍摄记录。我在昆明大观公园与滇池相连处的湿地拍摄到它。

暗绿绣眼鸟

暗绿绣眼鸟为绣眼鸟科小型鸟类。与灰腹绣眼鸟易混淆。雌雄鸟羽色基本相似，头颈部为黄绿色，腹部为灰白色，嘴黑色，眼圈四周呈白带状。栖息于中低海拔山地阔叶林、混交林、竹林乃至果园中。性活泼，常单独、成对或成小群活动。食性杂，主要以昆虫为食，也吃植物花果。因其既能消灭有害昆虫，又能传播植物种子，而成为益鸟。我春季在昆明北郊山地海拔约 2000 米一处混交林中拍摄到它。

灰鹤

灰鹤是鹤科大型涉禽，国家二级重点保护野生动物。系世界各地分布最广的一种鹤。颈长腿长，全身羽毛多为灰色，头顶有一小块红色，脚黑色。主要栖息于靠近水域的沼泽、河滩、湖泊乃至农田等地带。常结成10只至数十只以上的群体活动。在空中飞行时常摆出“人”字或“V”字阵形。食性杂，主要以植物叶芽、草籽和农作物玉米、萝卜、土豆、麦粒等为食，也吃昆虫、鱼、虾、蛙、田螺、蜥蜴等。我在丽江拉市海和保山青华海湿地曾两次拍到它们，分别是傍晚和早晨，距离远，光线也较弱，只能用长焦镜头拉近拍摄。

小斑姬鹟

小斑姬鹟为鹟科小型鸟类，留鸟，不常见。其雄鸟羽毛主要以黑白两色为主，雌鸟呈橄榄灰色。常栖息于热带、亚热带中等海拔的山地常绿阔叶林、混交林、竹林中，单独或成对活动。既能在树下或灌木丛中觅食，也能在空中捕虫，主要以昆虫为食。我在盈江犀鸟谷和西双版纳勐腊两次拍摄到它。

黑额树鹊

黑额树鹊为鸦科中型鸟类。栖息于中低海拔山地次生林、竹林及灌木丛中。头部与喉部为醒目的黑色，后颈、背部到尾羽，分别为白色、栗色与黑色，胸腹部以白色为主，有一较长的黑尾巴。单独、成对或结小群活动。食性杂，不仅吃昆虫，也吃植物的浆果、种子。我 2 月在盈江犀鸟谷拍摄到它。

古铜色卷尾

古铜色卷尾为卷尾科中型鸟类。雌雄相似。周身呈现蓝黑色金属光泽。热带山地林中较多见，喜欢单独或成对立于高大树枝及山区电线上。食性杂，主要以昆虫为食，也吃少量植物花果、种子。我在盈江犀鸟谷和昆明北郊山林都拍摄过它。

北灰鹟

北灰鹟为鹟科小型鸟类。头背部为灰褐色，腹部呈白灰色。多栖息于针叶林、阔叶林、混交林等山地，很机警，常单独或成对活动。食性杂，除了时而吃少许植物花叶外，主要以昆虫为食。我冬季在昆明北郊一处海拔约 1900 米的山林里拍摄到它。

斑头雁

斑头雁系鸭科中型鸟类，又称白头雁。其雌雄大体相似，通体多呈灰褐色，头为白色，头顶中有两条黑色斑带。常栖息于高原湖泊、河流及沼泽地带。作为一种高原鸟类，常与黑颈鹤、赤麻鸭等混群，喜欢集群活动，大群可达上百只。能走能跑，还擅长飞行。主要以植物茎叶、种子、青草等为食，也吃鱼虾等。我在曲靖会泽念湖与腾冲北海湿地拍摄到它。

红喉姬鹟

红喉姬鹟为鹟科小型鸟类。主要栖息于中低海拔山地和平原地带的混交林、针叶林、次生林、阔叶林与灌木丛中。雄鸟整体以灰褐色为主，喉部呈橙红色。常单独或成对活动，主要以昆虫为食。我在昆明北郊黄龙箐一带山林里拍摄到它。

星鸦

星鸦是鸦科中型鸟类。多栖息于针叶林、混交林的山地。通体以咖褐色为主，胸腹部如星罗棋布般点缀着白斑，单独或成对活动。主要以松子为食，也吃昆虫，会在树洞等多处储藏食物以备冬季享用，而且几个月后都不会忘记埋藏地点。它在鸟类中因智商高而与乌鸦一起被誉为“聪明鸟”。我在曲靖会泽念湖附近及昆明北郊的一处山坡上拍摄到它。

凤头潜鸭

凤头潜鸭为鸭科中型鸟类。其雄鸟头顶长长的羽冠朝后披于脖颈，头部、颈部的黑色闪烁着紫光，背部的褐色、腹部的白色十分明显；雌鸟呈深褐色。凡是水面比较开阔的地方，从水库、池塘到河流、湖泊、沼泽等，都是它们喜欢栖息的地方，善游泳和潜水，常成群活动，主要在白天觅食。食性杂，主要以鱼虾和部分水生植物等为食。我在腾冲北海湿地拍摄到它。

黑喉石䳭

黑喉石䳭为鹟科小型鸟类。从低海拔的平原、丘陵、沼泽、河湖沿岸到高海拔山地都能见到它们的身影，适应性很强。其雄鸟最醒目的是头、喉颈和尾羽的黑色，以及胸腹部的栗棕色；雌鸟与麻雀相似，主体呈褐色。常单独或成对活动，食性杂，主要以昆虫为食，也吃少许植物果实和种子。我在昆明滇池湿地及北郊海拔约 2000 米的金龟山几次拍摄到它。

绿孔雀

绿孔雀属雉科大型鸟类。据介绍，它是留鸟，国家一级重点保护野生动物。数量极少，亟须保护。与人们容易见到的蓝孔雀明显不同。在我国，仅云南楚雄、玉溪、临沧等地有分布，种群数量目前约五六百只。雌鸟与雄鸟类似，但没有用来开屏的大尾屏。雄鸟头顶的羽冠、颈、胸、腹部与尾羽为绿色，且胸腹部呈鳞片状。绿孔雀主要栖息于中等海拔以下的热带、亚热带的混交林、常绿阔叶林和林间草地，多成群活动，善走不善飞。食性很杂，从植物叶果、农作物到蛙、昆虫、蜥蜴等都能吃。因自己一时未能在深山中拍到它，为不使这一云南独有之大明星鸟种在书中遗漏，我只好先在昆明圆通山动物园记录一下。

黄绿鹎

黄绿鹎为鹎科小型鸟类。其羽毛色调偏暗，以黄灰色、橄榄绿褐色为主。主要见于云南盈江、西双版纳、芒市、景东、沧源等地。常以大小不等的集群形式活动，多栖息于海拔一两千米的阔叶林、竹林、灌木丛中。食性杂，主要以植物果实与种子为食，也吃昆虫。我在盈江犀鸟谷的山林中拍到它。

黑卷尾

黑卷尾是卷尾科中型鸟类。全身以黑色为主，有铜绿色般金属光泽。雌雄大体相似。常在低海拔山地、平原、城郊、村庄附近活动，喜欢驻留在树梢、电线杆上。常成对或成小群活动，性好斗。善于在空中捕食飞虫，主要以有害的昆虫为食。我在大理剑川县的剑湖湿地以及盈江县洪崩河一带的山林中都拍摄过它。

白腹鹞

白腹鹞为鹰科中型猛禽。国家二级重点保护野生动物。雄鸟头顶至上背部为白色，间杂宽阔的黑褐色纵纹，背部主要为褐黑色。喜欢栖息在江湖沿岸、芦苇塘、沼泽等较开阔的湿地。常在白天单独或成对活动，可长时间伫立在树梢上观察守候猎物。主要以小鸟、蛇和较大的昆虫等为食，也能在水面捕食䴙䴘、野鸭等水鸟。我冬季一早朝阳升起之际在昆明晋宁南滇池一处湿地拍摄到它。

金喉拟啄木鸟

金喉拟啄木鸟是拟啄木鸟科小型鸟类。主要见于云南保山、怒江、临沧、普洱、西双版纳。远远望去，它容易与蓝喉拟啄木鸟混淆。细看，其雄鸟头顶为金黄色，喉部、前额有一大块深红色斑，眼部有一片黑色，背部为草绿色，胸腹部为浅绿色。多栖息于中低海拔的常绿阔叶林中，爱伫立在枝繁叶茂且高大的树上。主要以植物花果种子等为食，也吃昆虫。常单独活动。我 3 月在保山百花岭拍摄到它。

领角鸮

领角鸮为鸱鸮科中型鸟类。国家二级重点保护野生动物。常栖息于平原及中等海拔山区的阔叶林、混交林。整体呈灰褐色，一般白天藏匿于茂密的树叶中，多在夜间单独活动与鸣叫。通常以老鼠和昆虫为食。我在保山百花岭山村附近的树上拍摄到它。

红角鸮

红角鸮是鸱鸮科中型鸟类。国家二级重点保护野生动物。多栖息于山地和平原的混交林和阔叶林中。整体为灰褐色，和领角鸮一样昼伏夜出，喜欢单独活动。主要以老鼠、昆虫和小鸟为食。我在保山百花岭附近山村的一处混交林树上拍摄到它。

秃鹳

秃鹳为鹳科大型鸟类，国家二级重点保护野生动物。主要栖息于热带和亚热带山地、沼泽及平原。喜欢在湖畔、河溪等滨水地带单独活动。雄鸟嘴粗且长，头颈部羽毛稀疏，背部呈黑灰色，腹部为白色，腿长。主要以鱼、蛙、蟹、昆虫和雏鸟为食。过去在云南迪庆、丽江、大理、德宏等地有拍摄记录，昆明很罕见。2024 年 3 月，秃鹳被有关鸟类科研工作者在滇池一处湿地发现，于是它曾被一些鸟友赶去拍摄到。为在本书中收录这一珍稀鸟种，我在云南野生动物园里海拔约 2000 米的山林中拍摄到它。

丽色奇鹛

丽色奇鹛为噪鹛科中型鸟类。主要栖息于热带、亚热带中等海拔山地。通体多呈灰蓝色，眼部有黑眼圈，嘴为黑色，尾羽为褐色且较长。我感觉它和长尾奇鹛有点像。单独、成对或小群出现，主要以昆虫为食。我 3 月在保山百花岭拍摄到它。

黑翅长脚鹬

黑翅长脚鹬是反嘴鹬科中型鸟类，俗称“红腿娘子”。全身主要为黑白红三色，黑嘴又尖又细，红腿又长又细，所以又被誉为“鸟界超模”。爱单独、成对或成群活动。经常栖息于开阔地的浅滩、水稻田、池塘、沼泽、湖泊等地带。善于在浅水中行走，姿态优美。主要以小鱼、虾、甲壳类、昆虫等动物性食物为食。在昆明滇池、保山青华海湿地、玉溪江川、大理祥云、石屏异龙湖等地都能观察到。我在玉溪江川星云湖畔的一处湿地里拍摄到它。

黄冠啄木鸟

黄冠啄木鸟为啄木鸟科小型鸟类。雌鸟和雄鸟相似。其后脑勺部有一大撮鲜黄色羽冠，眼角处有一小片鲜红色羽毛，头顶和背部呈现橄榄绿色。主要栖息的常绿阔叶林和混交林海拔高度不超过 2000 米，喜欢单独或成对活动，多以昆虫为食，也吃植物果实和种子。我在盈江犀鸟谷拍摄到它。

钳嘴鹳

钳嘴鹳为鹳科大型鸟类，国家二级重点保护野生动物。近些年在云南的昆明、保山、大理、红河、西双版纳等多地都有它的拍摄记录。通体呈灰白色和黑色，易与苍鹭混淆。主要栖息于江湖畔的湿地、沼泽地带和农田，单独或成群活动。主要以鱼、蟹、蛙、蛇等为食。我在昆明滇池一湿地拍摄到它。

黄苇鳽

黄苇鳽（jiān）为鹭科小型鸟类。其雄鸟除头部有点黑色外，整体呈黄褐色；雌鸟头顶为栗褐色，其他基本与雄鸟相似。多栖息于靠近开阔水域、长有芦苇等水草茂密的区域，也会出现在沼泽附近的灌木丛。单独或成对活动，主要捕食水生昆虫及鱼、虾等。我在保山青华海湿地拍摄到它。

黑眉鸦雀

黑眉鸦雀为鸦雀科小型鸟类。见于云南西部。雌雄相似，头、颈为栗红色，背部呈褐色。与红头鸦雀的区别是在眼眉处有条黑色带。栖息于中低海拔山地的灌木丛、竹林、芦苇丛等，单独或成群活动。食性杂，既吃昆虫，也吃植物的果实。我在盈江犀鸟谷拍摄到它。

黄腰太阳鸟

黄腰太阳鸟为花蜜鸟科小型鸟类。栖息于中低海拔山地的常绿阔叶林、竹林和次生林。雄鸟的头、颈及上背部为醒目的红色。性活泼，单独、成对或成群在花丛与树枝间飞来飞去。食性杂，以昆虫、花蜜为主食，也吃植物的果种。我在中国科学院西双版纳热带植物园拍摄到它。

黑鸢

黑鸢属鹰科中型猛禽，国家二级重点保护野生动物。多栖息于低山丘陵、平原，也常活动于湖泊、村镇、城郊地带。呈黑褐色，单独或成对在空中盘旋。主要以鱼、鼠、蛙、蛇和小鸟为食。我在滇池附近多次拍摄到它。

白腹短翅鸲

白腹短翅鸲是鹟科小型鸟类。雄鸟整个头、胸和上体呈蓝灰色，腹部为白色。云南丽江、迪庆、普洱、文山等地都能拍摄到。主要栖息于中高海拔山地和灌木丛中。爱单独活动，领地意识较强，常将尾部翘起，同时将尾羽呈扇形打开。主要以昆虫为食，到秋冬季节也食少量植物果实和种子。我是2023年秋天在昆明北郊海拔约2000米的一处灌木丛中拍到它的。

白眼潜鸭

白眼潜鸭为鸭科中型鸟类。栖息于淡水湖泊、沼泽地带。其雄鸟眼为白色，整体呈栗褐色。常成群活动，善于潜水觅食。食性杂，主要以鱼、虾、水生昆虫等为食，也吃植物的叶、嫩芽和茎。我在腾冲北海湿地拍摄到它。

黑短脚鹎

黑短脚鹎为鹎科鸟类。虽然名字里带“黑”字，身体也多为黑色，但它的嘴与脚却是红色。常单独或成小群活动。主要以昆虫为食，也吃植物果实、种子等。我第一次拍它是在昆明北郊海拔约 2000 米处的山间，后来在保山百花岭也拍到它。

纹胸啄木鸟

纹胸啄木鸟是啄木鸟科中型鸟类。主要见于云南西部、南部和东南部。常栖息于中低海拔山地常绿阔叶林和林地附近的灌木丛中。雄鸟头顶部分黑色，背部黑白色相间，胸腹部有黑色纵纹，尾部下方有醒目红色，雌鸟与雄鸟相似。单只或成对活动。主要以昆虫为食，也吃少量植物果实。我在盈江县石梯村附近的山林里拍摄到它。

牛背鹭

牛背鹭为鹭科大型鸟类，俗称“红头官”“放牛郎”等。栖息范围广泛，从农田、池塘、沼泽到湖泊、草地、平原等都有它们的身影。夏季时其羽毛多为白色，头部和颈部有橙黄色羽毛；冬季时羽毛通体为白色。喜欢成群或单独活动，在大树上筑巢，休息时常站在树枝上。最爱与水牛为伴，常在其背上觅食昆虫。是唯一不吃鱼的鹭鸟。云南昆明、大理、玉溪、红河、保山、普洱等地能见到它。我在昆明晋宁滇池湿地一次拍到成大群的牛背鹭在空中飞翔，大约有 30 只。

小鸥

小鸥系鸥科小型鸟类，国家二级重点保护野生动物。主要以黑白两色为主色调，多成群活动，以昆虫为食。2024年2月，一只小鸥被观鸟爱好者发现其混杂在来昆明滇池越冬的红嘴鸥群中，体型明显比红嘴鸥小很多。这是小鸥在昆明的首次发现。随后，一只小鸥又出现在昆明市中心翠湖公园中的水塘里，与大批红嘴鸥混群活动，引发了众多鸟友前去拍摄。我也借机幸运地拍到了它。

棕眉柳莺

棕眉柳莺为柳莺科小型鸟类。在云南出现的应该是西南亚种，常栖息于中低海拔山地的针叶林、混交林及附近的灌木丛。雌雄羽色相似，其眼部有一长长的白纹，头部、背部、尾羽主要呈橄榄褐色。常单独或成对活动，主要以昆虫为食。我在昆明北郊一海拔 2000 米左右的山林中拍摄到它。

灰椋鸟

灰椋鸟为椋鸟科小型鸟类。多栖息于平原、丘陵、河谷、草甸乃至农田。其雄鸟头部呈黑色，眼部下方有一小块白色，背部以褐色为主，嘴为橙红色。经常成群活动，主要以昆虫为食，对防治害虫有益。我冬季在昆明晋宁滇池畔的一处农田里以及保山青华海湿地拍摄过它。

肉垂麦鸡

肉垂麦鸡为鸻科中型涉禽。喜欢栖息于中低海拔山地河边的石滩、岸边乃至相邻的农田。雌雄鸟大体相似，其雄鸟头顶、颈部为明显的黑色，背部呈褐色，腹部有一片白色，腿细长。胆子小，很机警，一般单独、成对或成小群活动。食性较杂，主要以水生昆虫为食，也吃点植物叶子与草种。2 月下旬的一天傍晚，我在腾冲曲石镇一村口河边远远地拍摄到两只。

灰喉柳莺

灰喉柳莺为莺科小型鸟类。雌雄羽色基本相似，其头部、背部呈橄榄褐色，嘴黑色，眼部有一条长长的白黄纹带，翅膀上有一道很明显的黄白色翼斑，胸腹部为灰白色。常栖息于中等海拔山地常绿阔叶林、混交林及相邻的灌木丛中。通常单独或成对活动，主要以昆虫为食。我在云南盈江石梯村附近的一处混交林里几次拍摄到它。

纯色噪鹛

纯色噪鹛为噪鹛科中型鸟类。见于云南西部、西南部。主要栖息于中高海拔山地的常绿阔叶林、灌木丛中。其雌雄颜色大体相似。一开始，我把它和蓝翅噪鹛混淆了，以为它们是同一种。后来，经查阅近年来出版的有关鸟类图鉴并仔细辨别，才发现两者真有区别。比如，蓝翅噪鹛眼睛有一明显的黑纹，且虹膜是白色，而纯色噪鹛眼睛没有黑色眉纹，虹膜为黄色；蓝翅噪鹛背部、胸腹部的鱼鳞状斑纹为棕栗色，纯色噪鹛背部、胸腹部鱼鳞状斑纹则呈黑栗色；蓝翅噪鹛栖息地海拔高度一般在 2000 米以下，远没有纯色噪鹛那么高。它喜欢成小群活动，食性较杂，以昆虫为主，也吃点植物的果实和种子。我在保山百花岭多次拍摄到它。

暗绿柳莺

暗绿柳莺为柳莺科小型鸟类。常栖息于低海拔到高海拔的阔叶林、混交林及灌木丛，尤其是河谷地带的林中易见，容易与双斑柳莺等混淆。雌雄相似，其头部、背部呈橄榄绿色，眉纹为白色，翅膀上一般有一道明显的白色翼斑，下嘴为橙色，胸腹部白黄色。通常单独或成对活动。食性单一，仅以昆虫为食。我在盈江洪崩河附近一处混交林中拍摄到它。

白鹈鹕

白鹈鹕系鹈鹕科大型水鸟，国家一级重点保护野生动物。主要栖息在沿海、江河、湖泊和沼泽一带。通体以白色为主，又被称作“大白鹈鹕”“东方白鹈鹕”等。常集群活动，能飞善游，还可以在地面上行走。主要以鱼类为食。表面看，白鹈鹕似乎不应算作云南本土鸟类，但根据在昆明晋宁石寨山的考古发现成果，早在春秋战国时期，在滇池一带就有鹈鹕、孔雀、鸳鸯等鸟类的存在，当时铸造的青铜器上清晰地铸有它们的图案。只是后来由于气候变化、社会发展等原因，鹈鹕才慢慢从这里消失。令人欣慰的是，云南野生动物园 2007 年引入白鹈鹕后，它们经过 10 多年的适应生活，成功地在此自然繁殖了后代，而且今天看起来其种群还在不断扩大。我 2024 年 3 月去云南野生动物园探访时，一次拍摄到了近 20 只白鹈鹕在那里快乐地生活。

暗胸朱雀

暗胸朱雀为雀科小型鸟类。常栖息于高海拔山地、高山混交林、灌木丛、草地。其雄鸟的头顶、前额有粉红色的纹带，胸腹部同样为粉红色，背部呈暗褐色；雌鸟整体为暗褐色，翅膀部分有两道明显翼斑。一般单独活动，有时成对或成群觅食。食性较杂，主要以植物果实或草籽为食，但也吃点昆虫。我在昆明禄劝轿子雪山远处一棵松树上拍摄到它的雌鸟。

针尾鸭

针尾鸭系鸭科中型游禽。在云南为冬候鸟。栖息于江河、湖泊及沿海开阔地带。其雄鸟头部为暗褐色，颈侧有明显的一道白色带，背部褐色、白色混杂，尾巴上有一对凸长的尾羽；雌鸟头部呈棕褐色，背部以黑褐色为主，尾巴较雄鸟短。多成群活动。针尾鸭是个行动多面手，能飞、能游、能走，主要以水生植物为食，也会到农田里吃谷粒，繁殖期里还吃点水生昆虫等。我 2021 年冬季在曲靖会泽念湖拍摄到它。

棕头钩嘴鹛

棕头钩嘴鹛为林鹛科小型鸟类。多见于云南。常栖息于中等海拔的混交林、竹林及灌木丛地带。它和红嘴钩嘴鹛很相似，主要区别在于红嘴钩嘴鹛的头部呈黑色或棕褐色、胸腹部为橙色，而棕头钩嘴鹛的头部为棕色、胸腹部呈白色。常成对或小群活动，食性较杂，主要以昆虫为食，也吃点植物的果实。我在盈江县石梯村附近山坡一处混交林中拍摄到它。

黑喉噪鹛

黑喉噪鹛为噪鹛科中型鸟类。古人称其为“山胡”，又名黑喉笑鸫、珊瑚鸟等，系国家二级重点保护野生动物。栖息在中低海拔山地的热带雨林、阔叶林、竹林、灌木丛等。雌雄基本相似，其雄鸟最显眼的是眼角和喉咙处的黑色及脖颈侧方的一小块白色，头部呈烟灰色，胸腹部为褐色。常单独、成对或集群活动。食性较杂，不仅吃昆虫，也吃些植物的果种。过去曾一度被当作笼鸟饲养供观赏，北宋大文豪苏轼、苏辙兄弟均曾将其写入诗中；另一著名文学家、书法家黄庭坚更是写下了“山胡新啭，子规言语”的美妙诗句。我在盈江县石梯村附近山坡一处混交林中拍摄到它。

黄腹鹟莺

黄腹鹟莺为树莺科小型鸟类。其雄鸟眼部有白色的眉纹，上胸部呈白色，腹部为黄色，头背部呈橄榄褐色。栖息于中低海拔山地的混交林、次生林或带有竹子的树林，喜欢成小群活动。主要以昆虫为食。我在盈江县石梯村附近山坡一处混交林中拍摄到它。

橙斑翅柳莺

橙斑翅柳莺为柳莺科小型鸟类。栖息于中高海拔山地混交林中、灌木丛中。雌雄羽毛颜色相似，雄鸟头背部为橄榄绿色，不仅有黄白色眉纹，还在翅膀上有一道十分醒目的翼斑，胸腹部为黄绿色。单独或成对活动，主要以昆虫为食。我在保山百花岭拍摄到它。

黄喉穗鹛

黄喉穗鹛是林鹛科小型鸟类。栖息于中低海拔热带亚热带山地混交林、灌木丛、草地等。雌雄羽色大致相似。易与红头穗鹛混淆，需要仔细区分。其雄鸟头顶棕红色，背部呈橄榄褐色，胸腹部茶黄色，腿脚橙红色。单独或成对活动，主要以昆虫为食，也吃些植物果种。我在盈江县石梯村附近山地一处常绿阔叶林中拍摄到它。

黄腰柳莺

黄腰柳莺为柳莺科小型鸟类。栖息于山地与平原的阔叶林、混交林、针叶林、灌木丛。雌雄羽色相似，其眼部上方有一长长的黄白色眼纹，嘴呈黑色，胸腹部为黄绿色和白色，翅膀上有两道明显的白黄色翼斑，腰部羽毛有少许柠檬黄色。性活泼，单独或成对活动，主要以昆虫为食。我在昆明北郊金龟山一处混交林中拍摄到它。

棕头鸦雀

棕头鸦雀为鸦雀科小型鸟类。栖息于中低海拔山地与平原的阔叶林、混交林、灌木丛和草丛。雌雄大体相似，其雄鸟头、颈、喉部为棕红色，背部呈褐色，两翅有醒目的栗红色，胸腹部为淡棕色。与灰喉鸦雀容易混淆，需注意区分。单独、成对或成小群活动。食性杂，主要以昆虫为食，也吃点植物果种。我在昆明北郊金龟山一处混交林中几次拍摄到它。

灰雁

灰雁为鸭科大型鸟类，又称为红嘴雁、沙雁、大雁等。作为来云南越冬的候鸟，在昆明、大理、曲靖、昭通、保山、迪庆、丽江等地都发现了其身影。雌雄羽毛羽色相似，雄雁个头略大。其头部为灰褐色，嘴红色，背部及翅膀呈黑褐色，胸部灰褐色，下腹部为白色。栖息于水草富集的淡水湖泊、水库、沼泽乃至农田。食性较单一，主要吃草。通常成大群活动，飞行时常展现出“人”字形。我在普洱一水库中一次拍摄到 20 多只灰雁。

山斑鸠

山斑鸠为鸠鸽科中型鸟类。雌雄大致相似。与珠颈斑鸠容易混淆，主要区别之一在于两者颈部的斑纹不同。其前额为烟灰色，背部呈褐色，双翅有锯齿状棕褐色斑纹，胸腹部大体也是灰褐色，脚为红色。栖息于平原、丘陵、农田、高山。常常成对或成群活动。食性杂，不仅吃昆虫和植物果种，还爱吃玉米、稻谷、绿豆等农作物。系国家“三有”野生动物。我在昆明北郊海拔 2000 米左右的山林中多次拍摄到它。

栗背伯劳

栗背伯劳为伯劳科小型鸟类。其雄鸟头顶灰黑色，有黑眼圈，背部多呈栗色，尾巴为黑褐色并杂以少许白色。多栖息于中低海拔山地的次生林、灌木丛中，常单独活动。性凶猛，主要以小型鸟、昆虫、老鼠、蚂蚁、青蛙等为食。有趣的是，2023 年夏天，我在保山青华海湿地拍摄水雉时，一只栗背伯劳竟然大胆地从树上一次飞落在我的长焦镜头上，一次飞落在我的小折叠椅上，被我用手机拍了下来。

纯色山鹪莺

纯色山鹪莺为扇尾莺科小型鸟类。其头部、背部是褐棕色，胸腹部为略带一点儿淡黄的白色，尾巴较长，脚呈肉红色。喜欢在有芦苇和杂草丛生的河湖之滨、沼泽乃至水稻田里栖息。单独、成对或以小群活动，活泼胆大，我和十多个鸟友那次在相距其五六米远处拍摄时，还不时有游人从一旁说笑走过，它却旁若无人地在苇叶上东张西望数分钟之久，似乎一点儿也不担心人类的活动。能用树叶、草丝编织成巢。主要以昆虫为食，有时也吃点果种和草籽。我在昆明大观公园荷塘里拍到它。

乌嘴柳莺

乌嘴柳莺为柳莺科小型鸟类，民间又称其为“绿豆雀”“柳串儿”。需要指出的是，它和暗绿柳莺很相似，易混淆。乌嘴柳莺的雌鸟与雄鸟基本相似，眼部有一道长且宽的黄白眉纹，头背部呈橄榄褐色，胸腹部显现出黄白色，需要注意的是，在不同光线下或换羽季，其羽色会有明显差异。我8月初中午在昆明北郊山林一棵松树下远远拍摄它时，其羽色偏绿。它栖息在海拔2000米以上的山地，喜欢单独或成对活动，主要以昆虫为食。

寿带鸟

寿带鸟系王鹟科中型鸟类。民间认为其寓意长寿，也被视为比翼齐飞的爱情鸟，所以从古至今，它一直备受人们喜爱，并且被视为吉祥鸟而写入诗歌、绘于画中。一些相关资料说它的活动范围上限海拔不超过1200米，但我和昆明的鸟友秋季8月末在海拔1900米左右的滇池之滨草海湿地几次拍摄到它的雌鸟，这说明还是要从真实的观鸟实践中去检验。这种寿带鸟很特别，其雄鸟有栗色与白色两种类型，尾巴上都有两根飘带般的长尾羽，飞翔时会摇曳生姿，甚是美丽，而雌鸟除头部为黑色外，背部及尾羽呈板栗色，但没有雄鸟那样的长飘带尾羽。它一般单独或成对活动，以昆虫为主食，总是在林间树木高处不停地飞来飞去，忙于寻捕小飞虫。

栗鸢

栗鸢为鹰科中型猛禽，很少见。民间又形象地称其为“红老鹰”，因为它的背部、两翅和尾巴都为栗红色。国家二级重点保护野生动物。常常栖息在湖泊、江河、沼泽、海岸等近水之处。它比较容易识别，除了身体显著的栗红色，其头部、胸部呈醒目的白色。喜欢长时间在高空中盘旋寻找猎物，主要以水里的鱼、虾、蟹、蛙为食，也吃小鸟和昆虫。多单独活动。我夏季在昆明滇池草海湿地上空拍摄到它，有时会与当地另一留鸟黑鸢同时出现，在逆光远距离观察时容易把两者混淆，可通过尾部差异及后期加大曝光量来区分。

家燕

家燕系燕科小型鸟类，它又被习惯称作“燕子”，就像麻雀一样常见，喜欢与人类相伴而居。其雌雄大体相似，头顶、背部及翅膀闪烁着蓝黑色的金属光芒，喉部为栗红色，腹部为白色，尾羽呈叉状。常常成群活动，似乎总是不知疲倦地在空中上下高速翻飞捕猎。主要以蚊子、苍蝇、飞蛾等昆虫为食，是深受我国男女老幼喜欢的益鸟。从古至今，燕子一直被人们在诗、画、散文、小说等文艺作品中称颂。唐代诗仙李白有“双燕复双燕，双飞令人羡”的诗句，另一位著名诗人白居易则吟唱“几处早莺争暖树，谁家新燕啄春泥”。我一次在秋季洱海边一个村庄附近难得偶遇了二三十只燕子立于电线上梳理羽毛、休息，并抓拍了许多张片子。

红翅凤头鹃

红翅凤头鹃为杜鹃科中型鸟类。其主要特征是头顶黑色凤冠，喉部棕黄色，两翅有醒目的栗红色，胸腹部呈白色，尾巴较长，飞行姿态优美。通常单独或成对活动于较高的树枝间，主要以昆虫为食。属于受保护的“三有鸟类”。已知在昆明、大理、德宏、西双版纳等地都有其拍摄记录。秋季的一天我在昆明大观公园南园一处湿地林中守候一上午总算拍到它，由于有树枝遮挡，其姿态不太好，但野外拍鸟就是这样，不可能每张都很精彩，更不可能每一幅都很完美，总会有这样那样的遗憾。

斑嘴鸭

斑嘴鸭为鸭科大型水鸟。据介绍，它是家鸭的祖先之一，在云南系留鸟。雌雄大致相近，其总体呈褐色，眼部有一道白色眉纹，嘴的尖端为黄色、后多半部呈黑色，喉部黄白色，两翅上各有一小块蓝紫色和白色。常栖息于湖泊、江河及沼泽地带。喜欢成群活动，能飞能游能走。主要以植物的叶芽、根茎和水生藻类为食，也吃点昆虫。我在剑川县剑湖湿地和鹤庆县草海湿地都远远地拍摄到它。

灰林鸮

灰林鸮为鸱鸮科大型鸟类。国家二级重点保护野生动物。栖息于山地高大的阔叶林和混交林的密林中，有时也会出现在城市公园里。有棕色型和灰色型两种，其脸相对较圆，头、背部以褐棕色为主，胸腹部众多块状羽毛呈褐色及白灰色。喜欢单独或成对活动，白天通常隐藏在高大树枝上睡觉休息，傍晚和夜里出来觅食。主要捕捉老鼠、青蛙、小鸟及昆虫为食。我一个阴天的上午在中国科学院昆明植物园拍摄它时，它正在一棵二三十米高的枫香树上安静地睡觉，因此只能高举相机，以大约 80 度的仰角来拍摄它，镜头正好对着它的眼睛与腹部，而它对树下来来往往、不断说话喧哗的人们以及我的长焦镜头似乎一点儿也不在意，偶尔睁眼看一下。

粉红山椒

粉红山椒为山椒鸟科小型鸟类。雌雄颜色都很艳丽，但又完全不同。其雄鸟头顶、上半背部呈灰色，下半背部及胸腹部为橙红色，嘴黑色；雌鸟主要呈现黄色基调。多栖息于中低海拔山地的阔叶林、混交林，喜欢成群活动。主要以昆虫为食，也吃些花草果种。云南的昆明、西双版纳、保山、德宏、文山、普洱等多地都有它们的身影。我在昆明世博园一处混交林地拍摄到它。

乌鹟

乌鹟为鹟科小型鸟类。雌雄颜色基本相似。视觉上和麻雀的大小、羽色相近，头、背部为灰褐色且带有点状小白斑，胸腹部主要为灰白色。栖息于中高海拔山地的针叶林、混交林及灌木丛中。以单独活动居多。主要在树木高层间觅食昆虫，也吃少许植物种子。我在昆明世博园一处混交林地多次拍摄到它。

中华仙鹟

中华仙鹟为鹟科小型鸟类。专家认为，它与蓝喉仙鹟的区别为胸部橙黄色区域以倒“V”形延伸至喉部。雌雄颜色相异，其雄鸟色彩明丽鲜亮，头顶及背部为半蓝半灰色，上胸部橙黄色，下腹部灰白色，尾部羽毛为蓝灰色。多栖息于中低海拔山地的混交林、竹林和灌木丛，常单独活动。主要以昆虫为食。我在昆明北郊金龟山海拔约 2000 米的一处混交林里多次拍摄到它。

蓝歌鸲

蓝歌鸲为鹟科小型鸟类。多栖息于中低海拔山地的针叶林、混交林及其附近的灌木丛。虽然蓝歌鸲雌雄颜色截然不同，但其雄鸟很漂亮，头、背部为蓝色，胸腹部为白色；雌鸟的头背部则呈橄榄褐色，胸腹部为黄白色。常单独或成对在地上活动，主要以昆虫为食。我在昆明北郊金龟山海拔 2000 米左右的一处混交林地拍摄到它。

黄眉柳莺

黄眉柳莺为柳莺科小型鸟类。很常见。栖息地上至高海拔山地的针叶林、混交林，下到低海拔平原地带的灌木丛、果园甚至田野、村落。雌雄羽色基本相似，其头部、背部为橄榄绿色，眼部有一粗长条的黄白色眉纹，翅膀上有一长一短两道黄白色翼斑，胸腹部为白黄色。一般单独或成小群活动。多在树上飞跃觅食，以昆虫为主食。我在昆明北郊金龟山一处海拔2000米左右的混交林地拍摄到它。

灰蓝姬鹟

灰蓝姬鹟为鹟科小型鸟类。其雄鸟头部、上背部为蓝灰色，嘴黑色，两翅褐灰色，胸腹部为白色；雌鸟主要呈褐色。栖息于中高海拔山地林间及灌木丛。我在昆明北郊海拔 2000 米左右一处混交林里拍摄到它。

金腰燕

金腰燕属燕科小型鸟类。在中国传统文化中，它也被视为吉祥鸟之一。据介绍，它是家燕的“近亲”，在我国大多数地区有分布。栖息于平原、低山、城镇居民区周围。其雌雄羽色相近，头及上背部蓝黑色，下背腰处有一条栗黄色带，从喉咙到腹部呈白色并带有黑色纵纹。它们常成群活动，主要以飞行类昆虫为食，能长时间在空中快速穿梭。与家燕相比，主要区别在于腰背部无栗黄色带、胸腹部无斑纹。我于清明节后一次偶然机会在所住小区的两棵高大的石楠树上拍摄到数只金腰燕与一群家燕混群不停地绕飞。

灰喜鹊

灰喜鹊为鸦科中型鸟类，是家喻户晓的益鸟之一，和喜鹊一样被视为吉祥鸟。其头部为黑色，上背部褐灰色，下背部、两翅及长尾巴呈淡蓝色，腹部白灰色。通常在高大树木上方筑巢。有关研究认为，这种我国北方常见的灰喜鹊在云南没有自然分布，现在昆明的灰喜鹊是20世纪80年代末从北京引进的，它们很快就适应了这里高海拔的生态环境，不断繁衍，种群日渐扩大。喜欢成群活动。除了吃少许植物果实外，主要以昆虫为食。有研究表明，一只灰喜鹊一年能吃掉上万条害虫。我在昆明海拔1900多米的世博园里几次偶遇它们从空中飞过，等我从双肩包里拿出相机时，早已飞离，只有一次远远拍到它。

大树莺

大树莺为树莺科小型鸟类。不常见。雌雄颜色基本相同。头顶为栗色，胸腹部白色居多，背及两翅呈褐色，眼睛上方有一道黄白色的眉纹，双腿与双脚为肉红色。喜欢单独或成对活动于林下灌木丛、草丛，警惕性高，行动迅捷。多以昆虫为食。暮春时节我在昆明北郊海拔约 2000 米的一处混交林下灌木丛观察到它来觅食及喝水，后来它被凤头雀嘴鹎和黄臀鹎驱赶走。

灰山椒鸟

灰山椒鸟为山椒鸟科小型鸟类。栖息于阔叶林、混交林及次生林等。雌雄相似，其雄鸟头背部为灰色，嘴黑色，前额及胸腹部为白色，两翅呈黑褐色。常单独、成对或成群活动，喜欢在大树上方觅食，主要以昆虫为食。我秋季在昆明北郊金龟山海拔 2000 米左右的一处混交林中拍摄到它。

栗鹀

栗鹀为鹀科小型鸟类。雄鸟的头、颈部为栗红色，胸腹部呈黄色；雌鸟外表与麻雀相似，只是其尾巴上部有明显的栗红色，胸部有黑色斑纹。从平原、低山、沼泽地到高海拔山地林间都有其踪迹。一般爱成小群活动，繁殖期则单独或成对活动。主要以植物果种、稻谷为食，也吃点昆虫。我秋季在昆明北郊海拔 2000 米左右的混交林中拍摄到雌鸟。

黑冠鹃隼

黑冠鹃隼为鹰科中小型猛禽，国家二级重点保护野生动物。从低山丘陵、平原到高海拔森林都有其身影。其头顶有灰黑色的羽冠，头部、颈部、背部和尾巴呈黑灰色，胸腹部有白、栗色横斑，也是个“独行侠”，爱单独活动，喜欢栖息于高大树枝上方四处瞭望，常常活跃于早晨或傍晚，主要捕食昆虫、老鼠、蜥蜴、蝙蝠等。我秋季一早幸运地在昆明北郊金龟山海拔约 2100 米的一处混交林远远拍摄到它。

巨嘴柳莺

巨嘴柳莺为柳莺科小型鸟类。多栖息于中低海拔山地、丘陵和平原的阔叶林、混交林、灌木丛等。其雌雄羽色基本相似，上眼部有一贯穿的白黄色纹，头、背、尾部呈橄榄褐色，胸腹部为黄白色。喜欢单独或成对活动，主要以昆虫为食。我在昆明北郊山间一处混交林中拍摄到它。

斑姬啄木鸟

斑姬啄木鸟为啄木鸟科小型鸟类。在啄木鸟类中，它大概是体型最小的，比麻雀还小，而且数量稀少。常栖息于中低海拔山地的混交林、阔叶林与灌木丛。其雄鸟头部为栗色，眼部有一道长条白纹，背部呈橄榄绿色，胸腹部白底衬黑斑。爱单独活动，喜欢在树枝上觅食，主要以昆虫为食。我在昆明北郊海拔约 2000 米的一处混交林小灌木丛中两次拍摄到它。

金头拟缝叶莺

金头拟缝叶莺为树莺科小型鸟类。热带林中比较多见，常栖息于中高海拔以下山地及平原及丘陵地带的混交林、竹林和灌木丛。其头顶为棕红色，背、尾部呈橄榄绿色，胸部灰白，下腹部为黄色。系鸟类中的筑巢能手，擅长将树叶缝合一起做成鸟巢。一般成群活动，主要以昆虫为食。我在昆明北郊山间海拔 2000 米左右的一处混交林下灌木丛中幸运地拍摄到，它几乎一秒不停地在树丛里跳来跳去，很难拍到，刚出现时还误以为它是红头穗鹛，差点错过。

靴隼雕

靴隼雕为鹰科中型猛禽。国家二级重点保护野生动物。喜欢栖息于山地、平原地带的针叶林、阔叶林中。分深色型及浅色型两种，其浅色型通体呈褐灰色，两翅下方为白色且具有小黑色斑点，胸腹部为黄白色。常在空中盘旋，善飞行，多单独活动。主要以老鼠、小鸟等小动物为食。冬季的一天上午，我在昆明滇池附近的海洪湿地一处混交林中上空偶然幸运地多次仰拍到它。

黄腹山雀

黄腹山雀为山雀科小型鸟类，是我国的特有鸟类。多栖息于中等海拔以下的山地阔叶林、混交林、次生林、灌木丛中。雌雄羽色完全不同，容易与绿背山雀混淆，区别在于绿背山雀的胸腹部有一条纵贯的黑色带，黄腹山雀胸部则为黄色。其雄鸟头部主要为黑色，脸颊处有一大块白色；雌鸟头、背部呈橄榄绿色，胸腹部为黄绿色。单独、成对与成群活动都有。食性杂，不仅吃昆虫，也吃点植物的果实。我秋季在昆明北郊海拔约 2100 米的一处混交林下灌木丛中，很幸运地一次拍摄到 3 雄 5 雌共 8 只在一起洗澡。

四川柳莺

四川柳莺为柳莺科小型鸟类，与淡黄腰柳莺很相似。常栖息于中高海拔山地的阔叶林、混交林。通体具有显著的橄榄绿色，眼部有一道长长的白黄色眼纹，嘴黑色，脚褐色，两翅各有一长一短的翼斑。主要以昆虫为食。性活泼，常单独或成对活动，有时也与其他种柳莺混在一起。我在昆明北郊山中海拔约 2000 米的一处混交林里拍摄到它。

燕雀

燕雀为燕雀科小型鸟类。在民间，它因背部有老虎皮色一般的花纹而被称作“虎皮雀”。其栖息地为平原、山地、果园、农田甚至湖泊附近湿地的林中。雄鸟的头部在繁殖期与非繁殖期的颜色有明显差异，繁殖期为黑色，非繁殖期为褐黑色。雄鸟眼部四周有黑色，背部混杂有棕、黑、褐、白色，喉咙和上胸部呈栗红色。雌鸟羽毛颜色与雄鸟大体相似，只是颜色略淡些。喜欢成大群活动，性活泼。主要以杂草籽、植物的果实及小米、玉米、高粱等农作物为食，也吃点昆虫。冬季的一天上午，我在昆明滇池一湿地附近的小树林中多次拍摄到它，看见数十只成群飞过，有一次最多拍到十只一起落在浮萍上喝水。

黑喉红尾鸲

黑喉红尾鸲为鹟科小型鸟类。多栖息于中高海拔的山地与河湖之滨的树林、草丛及灌木丛中。颜色和北红尾鸲近似。其雄鸟头背部为银灰色，喉咙黑色，胸腹部呈栗红色；雌鸟的头背部为灰褐色，眼睛四周有一圈白色，胸腹部灰色，尾部呈栗红色。常单独或成对活动，主要以昆虫为食。我在保山青华海湿地拍摄到它的雌鸟。

紫色花蜜鸟

紫色花蜜鸟是太阳鸟科小型鸟类。主要见于云南南部、西部，属留鸟。栖息于中低海拔常绿阔叶林、林地边缘、花园、鲜花盛开的灌木丛中。雌雄鸟羽色全然不同。其雄鸟头、背部呈金属紫蓝色，双翅为褐色；雌鸟头、背部为暗褐色，喉咙处至腹部有一条黑色纵纹带，胸腹部呈黄色。单独或成对活动，也与其他小鸟混群。主要以植物花蜜、果实等为食，也吃昆虫等。我在中国科学院西双版纳热带植物园里一处冬红花丛中拍摄到一只雌鸟，随后在保山芒合村公路边一棵紫荆花大树上拍到一只刚洗过澡、羽毛沾水的雄鸟。

田鹨

田鹨为鹡鸰科小型鸟类，又被称作“里氏鹨”。远看似麻雀，近观则不同。主要栖息于开阔的草地、农田、沼泽和灌木丛等。其头部、背部多呈褐色，胸部橄榄褐色中有少许黑褐色纵纹，腹部黄白色。常单独、成对或小群活动。多在地面奔走觅食，主要以昆虫和草籽为食，叫声清脆。我冬季在中国科学院西双版纳热带植物园拍摄到它。

扇尾沙锥

扇尾沙锥是鹬科小型鸟类。主要栖息在河湖岸边、沼泽、湿地等环境。其最显著的特征便是它的嘴又长又直，并拥有一双大脚爪。其头部、背部多为黑褐色、黄褐色混杂，胸腹部呈白色。它们常单独或成小群活动，飞行时尾部羽毛会展开，呈扇形。觅食时会将长嘴插入泥中探寻食物。主要以昆虫、蚯蚓、小鱼和草籽等为食。我冬季在西双版纳勐仑镇一条小河边拍摄到它。

银胸丝冠鸟

银胸丝冠鸟是阔嘴鸟科小型鸟类，国家二级重点保护野生动物，很漂亮。系不迁徙的留鸟。主要栖息在热带、亚热带中低海拔森林中。嘴短而宽。雌雄大体相同，主要区别是雌鸟的脖颈处有一道细细的银白色环带，宛如一条银色项链。头顶两侧及尾巴呈黑色，背部上下分别为褐色与栗色，双翅为黑色中夹一块蓝灰色，胸腹部为白色。常集成 10 多只小群活动，主要以昆虫、植物果实等为食。我雾天在西双版纳勐仑镇么等新寨附近一处海拔 900 多米的热带雨林中拍摄到它们，最多一次有 16 只同时出现。

棕胸雅鹛

棕胸雅鹛是幽鹛科小型鸟类。仅见于云南南部和西部，是本地留鸟。主要栖息于中低海拔阔叶林、竹林及灌木丛。雌雄羽毛颜色相似，其整体呈棕褐色，腹部中间为白黄色，脚几乎呈白色。性胆小，爱单独或成对活动。多在地面跳来跳去觅食，主要以昆虫为食。我在西双版纳勐仑镇么等新寨一处海拔 900 多米的阔叶林中拍摄到它。

蓝翅叶鹎

蓝翅叶鹎系叶鹎科小型鸟类，羽色艳丽。主要见于云南南部和西部，是本地留鸟。栖息于中低海拔山地的常绿阔叶林、灌木丛甚至田边和果园。雌鸟与雄鸟的区别主要在于，雌鸟的眼角、眼部下方没有黑色斑块。其雄鸟头顶为黄色，喉咙及眼周的一部分呈黑色，背部、尾巴和胸腹部主要为绿色中夹杂一点儿浅黄，双翅带点儿蓝色。常成对或小群活动，主要以昆虫及植物果实等为食。我在西双版纳勐仑镇么等新寨一处海拔 900 多米的常绿阔叶林中拍摄到它的雄鸟与雌鸟。

鹰鸮

鹰鸮是鸱鸮科中型猛禽。国家二级重点保护野生动物。栖息于中低海拔山地、平原、田边、河谷地带的混交林及高大树木上。主体为深褐色，胸腹部有断断续续的白色纵纹及褐色斑块，眼睛虹膜呈金黄色。多单独在傍晚及夜间活动捕食，主要以老鼠、小鸟和昆虫等为食。我夜间在西双版纳勐仑镇一处河边距地面几十米高的大树枝头上仰拍到它。

褐喉食蜜鸟

褐喉食蜜鸟属太阳鸟科小型鸟类，又名褐喉直嘴太阳鸟。栖息于热带低海拔湿润林地、园林绿地。其雄鸟头、背部及尾巴为蓝紫色，喉咙呈褐色，胸腹部为黄色；雌鸟与雄鸟羽色完全不同，背部为橄榄绿色，胸腹部呈黄色。单独或混在其他太阳鸟群中活动，喜欢在开花的树上觅食花蜜，还吃小昆虫。我在中国科学院西双版纳热带植物园里一处冬红花丛中拍摄到它。

普通鵟

普通鵟属鹰科中型猛禽。国家二级重点保护野生动物。其雌雄羽色相近，羽毛色多变，背部多为暗褐色或深红褐色，两翼下带有深色斑纹。多栖息于山地森林、平原、旷野、农田等。主要以鼠类为主食，兼食野兔、蛙、蛇、小鸟、昆虫等。多在白天单独或成对活动，常在空中盘旋，凭借敏锐视觉搜寻猎物。我春季在昆明北郊山林上空逆光中远远拍摄到它。

紫翅椋鸟

紫翅椋鸟为椋鸟科中小型鸟类。多栖息于村落附近、农田、果园和开阔地带的高大树枝上。其周身呈紫蓝色，布满白色斑点。常集小群活动，食性杂，昆虫、植物果子和稻谷都吃。我冬季在保山青华海湿地一次拍摄到 8 只同在一棵大树上。

棕胸竹鸡

棕胸竹鸡为雉科大型鸟类。栖息于中等海拔及以下山地的阔叶林、灌木丛等。雌雄基本相似，其嘴为黑色，喉咙和上胸部黄棕色，腹部是大片的白底黑斑，尾巴尖端呈栗红色。爱集小群活动。食性杂，不仅吃植物的果种、农作物的种子，也吃昆虫等。我在保山百花岭一处海拔约 1600 米的阔叶林下一次拍摄到 7 只棕胸竹鸡在一起觅食。

大鵟

大鵟为鹰科大型猛禽。国家二级重点保护野生动物。其栖息范围从低海拔到高海拔，遍布于平原、山地、沼泽、农田甚至荒漠。其嘴为黑色，头颈部呈白色，背部棕褐色，尾巴为褐色。性凶猛机警，常独自或集小群在白天活动。主要以鼠、蛇、小鸟、兔子和昆虫为食。我冬季的12月在保山一片收获后宽阔农田里的小土堆上远远拍摄到它，当时周围经常有众多小鸟活动，推测它正在观察准备捕猎，当发现我靠近时便突然振翅飞走了。

白尾鹞

白尾鹞为鹰科中型猛禽。国家二级重点保护野生动物。栖息于山地、丘陵、平原、沼泽、草原、农田、河湖等。其头部灰褐色，腹部棕褐色，尾部有几道白色斑块。白天四处活动觅食，善于低空飞行寻找猎物。主要以小鸟、鼠类和昆虫为食。我冬季的 12 月在保山一片收获后宽阔的农田上空远远拍摄到它，其时有许多小鹀、树鹨、燕子、白鹡鸰等在农田里活动。

小鹀

小鹀为鹀科小型鸟类。栖息于山地、丘陵、平原的灌木丛、草丛、农田等。其雄鸟头部为棕褐色，背部呈褐色并有黑斑，胸腹部为白色并有少量黑斑。常单个或呈小群活动，食性杂，以昆虫、植物（包括农作物）的果实为食。我冬季在保山一片开阔的农田里已经枯萎的玉米秆上多次拍摄到众多小鹀。

赤膀鸭

赤膀鸭为鸭科中型鸟类。栖息于江河、湖泊、库塘及沼泽。其雄鸟嘴黑色，头、背部以褐色为主，胸部有细密的褐色斑点；雌鸟嘴黄色，背部棕褐色。常集小群活动，也会与其他野鸭混群。主要以水生植物为食。我冬季在保山青华海湿地多次拍摄到它们。

红头潜鸭

红头潜鸭为鸭科中型鸟类。栖息在水生植物丰富的湖泊、河流、库塘等水域。雄性红头潜鸭头部呈栗红色，胸部黑色，背部灰色；雌性头部为棕褐色，体羽多为淡褐色，整体颜色较雄性暗淡。喜欢成群或混群活动。主要在水中觅食，食性杂，以水生植物和小鱼、小虾等软体动物为食。我冬季在保山青华海湿地多次拍摄到它们。

赤颈鸭

赤颈鸭为鸭科中型鸟类。栖息在开阔的湖泊、江河、水塘、沼泽等。其雄鸭头部和颈部呈栗红色，嘴尖黑色，背部褐色，有细密斑纹；雌鸭头部、颈部和背部以暗褐色为主，嘴尖也是黑色。喜欢成群或混群活动。主要以水生植物为食。我冬季在保山青华海湿地多次拍摄到它们。

豆雁

豆雁为鸭科大型雁类。栖息于开阔平原草地、江湖、沼泽、沿海海岸等。迁飞距离很远，喜成群活动，可结成数百乃至上千的大群。雌雄羽色相似，头、颈为棕褐色，背部为灰褐色或棕褐色，胸腹部为白色与污白色，尾巴呈黑褐色，嘴有部分黑色与橘黄色。主要以植物性食物如叶芽种子以及麦苗、土豆、红薯等农作物为食。 我冬季在保山青华海湿地多次拍摄到它。

白额雁

白额雁为鸭科大型雁类。国家二级重点保护野生动物。栖息在江河、湖泊、库塘、沼泽等水域。雌雄羽色相似，头部和颈部为黑褐色，额头有一块明显的白色宽带斑，背部多呈灰褐色，胸腹部接近白色，翅膀羽毛有黑色。能走能飞，常成小群活动。主吃植物性食物。我冬季在保山青华海湿地多次拍摄到它们。

绿翅鸭

绿翅鸭为鸭科小型鸟类。栖息于江河、湖泊、库塘、沼泽等。其雄鸟头、颈部呈深栗色，背部为棕褐色，翅膀有绿色带纹；雌鸟头顶、后颈呈棕色并有黑褐色粗纹，雌雄翅膀处均有一小块翠绿色。喜欢集群活动，主要以水生植物为食，也吃水生昆虫等。我于冬季在保山青华海湿地多次拍摄到它们。

绿喉太阳鸟

绿喉太阳鸟为花蜜鸟科小型鸟类。多栖息在中低海拔阔叶林、混交林、竹林、灌木丛等。雌雄颜色截然不同，其雄鸟羽色艳丽，前额至后脖颈为绿色，眼角和头侧为黑色，颈侧和上背部为暗红色等；雌鸟背部上方呈橄榄绿色，下背部至尾巴呈棕黄色，腹部为淡黄色。常单独或成对活动。食性杂，主要以植物的花蜜为主食，也吃昆虫。我冬季在保山百花岭一处海拔约 1600 米的阔叶林下灯笼花上拍摄到一只雌性绿喉太阳鸟。

黄腹扇尾鹟

黄腹扇尾鹟为仙莺科小型鸟类。栖息于中高海拔的山地阔叶林、针叶林、混交林、灌木丛等。雌雄颜色大体相似，其雄鸟额头眉纹呈黄色，头部呈暗黄褐色，背部呈灰褐色，胸腹部呈亮黄色，尾巴常呈扇形展开。多单独或成对活动，主要以昆虫为食。我冬季在保山百花岭一处海拔约 1600 米的阔叶林中拍摄到它。

栗头鹟莺

栗头鹟莺系柳莺科小型鸟类。栖息在中低海拔以下的阔叶林、灌木丛。雌雄羽色相似，其头部呈棕栗色，有明显的白眼圈，上背部灰色，下背部为橄榄绿色，胁下亮黄色，胸腹部灰色。单独、成对或成小群活动。主要以昆虫为食，也吃点植物种子。我冬季在保山百花岭一处海拔约 1600 米的阔叶林中拍摄到它。

白腹凤鹛

白腹凤鹛为莺雀科小型鸟类。栖息在低海拔以下的低山、河谷、丘陵等地的常绿阔叶林、混交林等。雌雄羽色基本相似，其头部、背部为橄榄绿色，胸腹部灰白色，脚呈肉红色。常单独、成对或成小群活动。主要以昆虫为食，也吃少量植物果实。我冬季在保山百花岭一处海拔约 1600 米的阔叶林中拍摄到它。

赤胸啄木鸟

赤胸啄木鸟属啄木鸟科小型鸟类。在云南是留鸟。栖息于中高海拔山地的阔叶林、混交林和次生林。雌雄大体相似，其雄鸟头顶及后颈呈红色，背部为黑色，两翅黑色中杂少许白色；雌鸟头顶及后颈为黑色。两者胸部均有红色斑块。多单独活动，主要以昆虫为食。我冬季在保山百花岭一处海拔约1600 米的阔叶林中拍摄到它。

灰头鸦雀

灰头鸦雀为鸦雀科小型鸟类。栖息在中低海拔山地的阔叶林、次生林和灌木丛森林中。单独、成对或成群活动，性活泼。雌雄羽色相似，其前额及眼睛上方为黑色，嘴为橙色，头顶至后颈为深灰色，背部至尾巴为棕褐色，胸腹部为白色。食性杂，主要以昆虫等为食，也吃植物的果种。我冬季在保山百花岭一处海拔约 1600 米的阔叶林中拍摄到它。

罗纹鸭

罗纹鸭为鸭科中型鸟类。栖息于江河、湖泊、沼泽甚至农田等地。其雄鸟头顶为栗色，后颈处有一块醒目的铜绿色，背部与腹部呈灰白色；雌鸟整体呈黑褐色。胆小且机警，常成对或集小群活动。主要以水生植物为食，也吃点水生昆虫。我在保山青华海湿地拍摄到了雌鸟。

大山雀

大山雀为山雀科小型鸟类。系较常见的森林益鸟。栖息于中低海拔山地、丘陵的阔叶林、针叶林、混交林及灌木丛，还出现在公园、果园甚至农田。易与绿背山雀、黄腹山雀等混淆。雌雄基本相似，其头部、喉部为黑色，眼睛下方有三角形状的白色斑块，上背部呈淡绿色，翅膀处只有一道白色翼斑（绿背山雀背部深绿色且翅膀处有两道白翼斑），胸腹部主要为灰白色，尾巴是蓝灰色。性活泼，较大胆。单独、成对或集小群活动。主要以昆虫为食，也吃点植物的花、籽。我在昆明北郊海拔近 2000 米的一处混交林中拍摄到它。

长尾山椒

长尾山椒为山椒鸟科小型鸟类。其雄鸟除头、上背部为黑色外，周身赤红，雌鸟则以黄色基调为主。其主要活动于中低海拔以下山地与平原的阔叶林、混交林等，多成群活动，主要以昆虫为食。我在昆明北郊黄龙箐山林中多次拍摄到它们。

丝光椋鸟

丝光椋鸟系椋鸟科小型鸟类。常栖息于海拔 1000 米以下低山丘陵、平原开阔地带的混交林、果园、农田附近。雌雄大体相似，其雄鸟头顶呈黄灰色，背部灰色，双翅为蓝绿色，胸腹部灰白色。喜欢成群活动，食性杂，主要以昆虫为食，也吃植物的果实、种子。我冬季早晨在昆明瀑布公园一侧的树林中先拍到 3 只在一起的，后远远看到一群（约七八只）丝光椋鸟突然从树叶中飞起。

欧亚喜鹊

欧亚喜鹊为鸦科大型鸟类。据介绍，在我国除草原和荒漠地区外，大部分地区都有它的身影。远远望去，其周身色调黑白分明，尤其是整个头部的黑色和胸腹部的白色很醒目，两翅上还带有一小块明显的绿色。它们喜欢栖息在开阔林地、农田、城市公园等环境中。性凶猛。常成对或成小群活动，白天觅食，夜晚多在树上休息。食性杂，既吃昆虫、小鸟等，也吃植物种子和果实。它虽然与喜鹊同属鸦科，外观很相似，但欧亚喜鹊羽毛颜色更艳丽，在分布范围和习性上也略有差异。我冬季在昆明瀑布公园的一棵大树上仰拍到它。

朱鹂

朱鹂为黄鹂科小型鸟类。雌雄大致相似，雄鸟的头、下背部及两翅为黑色，上背部和尾巴呈红色，嘴白色。多栖息于热带、亚热带的中低海拔山地的混交林、阔叶林。常单独或成对活动，食性杂，昆虫及植物的浆果都吃。我初春的一个雨天在保山百花岭海拔 1600 米左右的山地中远远地拍摄到它。

灰翅噪鹛

灰翅噪鹛属噪鹛科小型鸟类。雌雄羽色相似，通体以褐色为主，翅膀具明显灰色斑块。栖息于中低海拔山地的常绿阔叶林、混交林、竹林、灌木丛中。属杂食性鸟类，既吃植物种子、果实，也捕食昆虫。通常成对或结小群活动，穿梭于灌木丛与树林间，生性活泼，常发出嘈杂叫声。我初春在保山百花岭海拔 1400 米左右的林下灌木丛中拍摄到它。

金头穗鹛

金头穗鹛属画眉科小型鸟类。雌雄羽色相近，其头顶金黄，上部呈橄榄绿色，下部接近白色。栖息于中低海拔山地的阔叶林、混交林及灌木丛，动作敏捷，频繁穿梭觅食，十分活泼。食性杂，主要以昆虫为食，也吃植物果实和种子，常单独或成对活动。我初春在保山百花岭海拔 1700 米左右的林下灌木丛中拍摄到它。

楔嘴穗鹛

楔嘴穗鹛系林鹛科中型鸟类。见于云南等地，稀有。被一些鸟友誉为百花岭的一大“神鸟”。其雌雄羽色差异不大，整体呈橄榄褐色，有浅色眉纹，嘴呈楔形。食性杂，主要以昆虫、植物果实和种子为食。多在林下灌木丛或地面活动，通常成对或结小群，行动较为隐秘，常穿梭于茂密植被中觅食，偶尔发出轻柔叫声。我初春在保山百花岭海拔 1700 米左右的林下灌木丛附近多次拍摄到它。

红胁绣眼鸟

红胁绣眼鸟属绣眼鸟科小型鸟类。国家二级重点保护野生动物。其雌雄羽色相近，上体呈橄榄绿色，眼周有白色眼圈，两胁呈栗红色。食性杂，主要吃昆虫，也会取食植物的花蜜、果实。常单独、成对或集小群活动，在树林间穿梭跳跃，动作灵活，频繁觅食，十分活泼。我初春在保山百花岭海拔 1700 米左右的林下灌木丛及昆明北郊山间拍摄到它。

棕腹大仙鹟

棕腹大仙鹟属鹟科小型鸟类，与棕腹仙鹟近似。国家二级重点保护野生动物。其雄鸟头部、背部为蓝色，胸腹部为棕色，两翅呈棕褐色；雌鸟头背部为橄榄褐色。多栖息于中低海拔山地的常绿阔叶林、混交林及灌木丛，爱单独或成对活动。食性杂，主要以昆虫为食，也吃点植物的果实。我初春在保山百花岭一处海拔 1500 米左右的林下拍摄到它。

锈胸蓝姬鹟

锈胸蓝姬鹟为鹟科小型鸟类。雌雄羽色有别，雄鸟上体深蓝，胸部呈锈红色斑，腹部为灰白色；雌鸟上体为褐色，胸腹部为黄色。多栖息于中高海拔山地阔叶林、混交林中。它以昆虫为主食，兼食少量植物种子。常单独或成对活动，性格较安静，擅长飞行时捕食空中飞虫，动作敏捷轻盈。我初春在保山百花岭一处海拔 1400 米左右的林下灌木丛中拍摄到它。

游隼

游隼为隼科中型猛禽。国家二级重点保护野生动物。据介绍，它是世界上飞行速度最快的鸟类之一。它适应能力超强，山地、平原、农田、沙漠、海滨、湖泊等均有其踪迹。其雄鸟与雌鸟外观相近，雌鸟体型更大。它们的头部、脸颊呈黑色，背部蓝灰，胸腹部及翼下布满黑色横纹或纵纹，雌鸟颜色略浅。主要以小型鸟类、鼠类及小型爬行动物为食。多单独在白天活动，凭借高超飞行技巧，从空中俯冲速度极快，捕猎成功率较高。我春季在昆明金龟山海拔约 2000 米的一处山林上空远远地逆光仰拍到它在驱赶另外一只普通鵟。

红翅䴗鹛

红翅䴗鹛属莺雀科小型鸟类。雌雄羽色有差异，雄鸟头顶黑白分明，背部和尾巴呈蓝灰色，翅膀有红色斑块，极为醒目；雌鸟背部为黄褐色，胸腹部呈灰白色。多栖息于山地的针阔叶混交林、常绿阔叶林、阔叶林。主要以昆虫为食，也吃少量植物果实与种子。常成对或成小群活动，活跃于山地森林中，频繁穿梭跳动于树枝间，动作敏捷，善于在枝叶间觅食。我春季在昆明黑龙潭公园山坡一片松树林里拍摄到它。

白眉鹀

白眉鹀系鹀科小型鸟类。在云南，常见于西部、南部中低海拔山地的次生林、混交林及灌木丛。雌雄大致相似，其雄鸟特征更明显，具有白色眉纹，头顶及脸颊部为黑色，两胁呈栗红色；雌鸟体色较淡，以棕褐色为主，眉纹浅白。食性杂，不仅吃昆虫，也吃草籽、谷物。喜单独或成对活动，常在地面灌木丛或草丛觅食，性机警。我 3 月底在昆明金龟山海拔约 2000 米左右的林下灌木丛里拍摄到一只雌鸟。

黑尾蜡嘴雀

黑尾蜡嘴雀属燕雀科小型鸟类。云南多地可见。其嘴短且粗大，鸣叫声响亮婉转。雄鸟头部、嘴尖及尾巴为黑色，背部为灰褐色，两胁带点橙色，胸腹部呈灰白色；雌鸟与雄鸟近似，但羽色较暗淡。食性杂，主要以植物种子、果实为食，也吃点昆虫。单独、成对或结群活动，常穿梭于树木间，飞行呈波浪状。系我国传统的笼养观赏鸟类。我春季在昆明大观公园一棵高高的大树上仰望拍到它们三四只在吃花果。

火冠雀

火冠雀为山雀科小型鸟类。多栖息于山地针叶林与混交林之间。雄鸟的前额及喉咙有醒目的猩红色，其余整体呈棕褐色；雌鸟头背部为灰褐色，两翅和尾巴呈暗黄橄榄色。主要以昆虫和草籽为食，常结小群活动，动作轻盈敏捷，频繁在树上跳动觅食，生性活泼，繁殖期还会通过鸣唱吸引伴侣。我春季在昆明黑龙潭公园里几棵高大檫木的树冠上拍摄到它在吃花。

峨眉柳莺

峨眉柳莺系柳莺科小型鸟类。常栖息于中低海拔山地的阔叶林与混交林中。雌雄颜色相似，头部有较淡的顶冠纹，背部为橄榄绿色，两翅有两道明显的翼斑，上嘴部为深灰色，下嘴部为橙色，有黄白色的眼眉纹，胸腹部为灰白色。常单独或成对活动，喜欢在树冠层和灌木丛中觅食，主要以昆虫为食。我春季在昆明北郊山林下一处灌木丛中拍摄到它。

灰眉岩鹀

灰眉岩鹀属鹀科小型鸟类。雌雄大体相似，其雄鸟全身主要由栗、白、黑色组成，眼角后有一块栗红色带。栖息于高山、丘陵、平原、河谷、农田及灌木丛等。食性杂，主要以草籽、果实、农作物等植物性食物为食，也吃昆虫。常成对或单独活动。我春季在昆明金龟山一处海拔约 2000 米的林下灌木丛中拍摄到它。

黄腹柳莺

黄腹柳莺属柳莺科小型鸟类。常栖息于中高海拔山地森林与灌木丛。其雌雄羽色基本相近，头背部呈橄榄色，胸腹部为黄色，黄色眉纹长而明亮，上嘴部黑褐色，下嘴部橙色。它是食虫益鸟，主要捕食昆虫及幼虫。喜欢单独或成对活动，生性活泼，动作敏捷，频繁穿梭于树枝间。我于暮春时节在昆明北郊海拔 2000 多米的一处混交林下拍摄到它来喝水。

小灰山椒鸟

小灰山椒鸟是山椒鸟科小型鸟类。多栖息于山地的阔叶林、混交林、针叶林等。雌鸟和雄鸟相似。其雄鸟头顶大部有块明显的白色，背部以暗灰色为主，腹部为灰白色，与灰山椒鸟的区别在于其两翅及腰部为褐色。常成群活动在高大乔木树上，很少到地面。主要以昆虫为食。我暮春时节在昆明北郊山林一棵大树上仰拍到它在捕食蜻蜓。

蓝喉仙鹟

蓝喉仙鹟为鹟科小型鸟类。雌雄颜色不同。雄鸟头部、背部、喉部为蓝色，胸部为橙色；雌鸟头部、背部为褐色，喉部、胸部为橙色，眼圈为黄色。多栖息中低海拔山地。常单独活动，以昆虫为主食。我在昆明北郊金龟山海拔近 2000 米的一处山林拍摄到雌鸟。

红尾伯劳

红尾伯劳系伯劳科小型鸟类。雌雄基本相似。其头部、背部呈棕褐色，喉部为白色，长尾巴为棕红色。活跃于山地及平原的混交林、灌木丛，常站立在树枝头观察猎物，性格凶猛。多单独活动，主要以昆虫为食。我于昆明北郊金龟山海拔约2000米处拍到它刚刚捕捉了一只小蚂蚱。

第七章　云南这些地方值得去观鸟

对各地鸟友来说，要想在云南不“两眼一抹黑”地观鸟，做到少花冤枉钱、少走冤枉路，就一定要提前弄清哪里可以观鸟，明白什么地方能拍到好鸟、能拍到多种鸟。

就云南而言，因为它是我国鸟类最多的省份，可以毫不夸张地说，云南省全域都能观鸟、打鸟，而且省内许多地方都有一些独具特色的明星鸟。

根据我这些年在云南省内实地观鸟的经验和许多鸟友的口碑，我觉得以下这些地方值得重点推荐给大家。

1. 滇池海埂大坝

这里位于昆明的南市区，美丽的高原湖泊滇池之滨，西山脚下，交通极为便利，除了自驾车，还有公交车、地铁与出租车可以抵达，对外地来的观鸟者也很是方便。

由于每到冬季，都有数以万计的红嘴鸥从西伯利亚等遥远的北方迁徙至滇池越冬，它们在广大昆明市民的精心呵护下，已经非常喜欢和人类近距离接触与互动，构成了人鸟合一、天人合一的美丽景象，吸引了无数的本地市民及国内外游客专程前往观鸥，因此，海埂大坝已经成了昆明最为知名、最大众化、观鸟人数最多的观鸟去处。面对不怕人、嗷嗷待哺的这些远道而来的小精灵，无论是观鸟初学者、中小学生，还是年老体弱者、有一定打鸟经验的鸟友，都能在此充分感受观鸟打鸟的乐趣，非常适合各类爱好者来学习、练习拍鸟。

观赏红嘴鸥的佳地——滇池海埂大坝↑

在海埂大坝，除了可以观赏拍摄到众多红嘴鸥，还能观察拍摄到黑鸢、白鹭、苍鹭等。

红嘴鸥在昆明逗留的时间很长，大约从当年的 10 月一直到次年的 3 月。元旦、春节长假期间，这里人满为患，需要注意错峰观鸟。还可以选择到市区的翠湖公园、大观河、海洪湿地、晋宁南滇池湿地等其他地方观赏拍摄红嘴鸥。

2. 昆明北郊片区

它位于昆明市区的北郊山区，包括金殿风景区、黑龙潭公园、昆明植物园、云南野生动物园、昆明世博园、黄龙箐以及朱家山一带，海拔在 1900 米至 2100 米左右，森林茂密，自然生态不错，一年四季都适宜观鸟。

↑森林茂密的朱家山一带

而且这一片区距离市中心区很近，约一小时车程。如果直接从北市区上朱家山，则仅需要 40 分钟左右车程。通常需要自驾车或搭乘出租车、公交车前往。

尤其推荐朱家山村一带的山中，在我和不少去过朱家山观鸟人的心目中，这里简直就是另一个“百花岭”，也可称之为昆明的“百花岭”。一些在保山百花岭拍到的罕见鸟类，如白腹锦鸡、金色林鸲、酒红朱雀等在朱家山也能拍摄到。

我已经多次来到北郊片区特别是朱家山一带观鸟，在这里我已经数次拍到了白腹锦鸡、喜山鵟、红隼、红喉歌鸲四种国家二级重点保护野生动物，还拍到了上百种其他鸟类。

几乎每次到朱家山拍鸟，我都能遇到来自全国各地的鸟友，有北京、上海、广东、福建、浙江、内蒙古、黑龙江、山东、四川、贵州、重庆等，还遇见从新疆自驾车来昆明拍鸟的鸟友。由此，不难看出，这里是多么吸引人。根据常年在此观鸟、很熟悉当地鸟情的有关人士介绍，已经在朱家山一片观察记录到了超过 200 种野生鸟类。

需要注意的是，朱家山村一带海拔在 2100 米左右，往返到其中一个具体观鸟点（金龟山），需要上下一个陡坡，我和其他鸟友每次背负沉重的摄影包、三脚架等经过陡坡往山上走时，都要大口大口喘气，还得短暂休息两三次。因此，建议年老体弱者，有高血压、心脏病、哮喘病及腿脚不便的鸟友最好不要去，以免因高原反应、剧烈运动而引发意外。

3. 禄劝轿子雪山

去轿子雪山的鸟友，大多是冲着那里的明星鸟——火尾太阳鸟去的。虽然在西藏也有这种美丽如凤凰的小鸟，但那个世界屋脊令很多人望而却步。而禄劝轿子雪山几乎被鸟友们一致公认为我国最方便、最好拍摄火尾太阳鸟的地方。

它位于禄劝县境东北角乌蒙乡，属于乌蒙山系拱王山脉余脉，因山体形似轿子而得名。

值得一提的是，禄劝县在过去本隶属于楚雄州，1983 年才划归昆明管辖。

这里是昆明市唯一的国家级自然保护区，拥有复杂多样的生态系统和丰富的珍稀动植物资源。从最低海拔 1200 米的普

↑六月的轿子雪山

渡河河谷到海拔 4344.1 米的最高峰雪岭，保护区相对高差达 3144.1 米，保存了滇中高原最为完整的原生植被，具有温凉性针叶林、寒温性针叶林、寒温灌丛、干热河谷硬叶常绿栎林、半湿润常绿阔叶林等 7 个植被类型，形成了“一山有四季、四时不同景”的独特自然景观，为滇中山地植被生态系统自然性最完整的地区，被誉为昆明北部和长江上游重要的“生态安全屏障”。优越的生态环境和良好的保护措施，自然吸引了众多鸟类栖居在轿子雪山这个“鸟的天堂”。

每年 6 月是拍摄火尾太阳鸟的最佳时节。

走进轿子雪山风景区，可以在沼泽、河流、村镇、山地森林、灌丛、裸岩等不同生态环境里观鸟。除了火尾太阳鸟这样的大明星，还能拍摄到金雕、棕背田鸡、楔尾绿鸠、大树莺、点翅朱雀、彩鹬、黑胸歌鸲、红腹角雉、白腹锦鸡、暗胸朱雀、金色林鸲、鹰雕、凤头鹰、雀鹰、红隼、褐渔鸮、灰林鸮、领鸺鹛等野生珍稀鸟类。

据《昆明日报》2020年11月23日报道，由轿子雪山国家级自然保护区管护局和昆明市朱雀鸟类研究所联合开展的2020年鸟类调查工作显示，该自然保护区的鸟类记录从2018年以前的167种增加到了260种。

虽然轿子雪山风景区距离昆明主城区约170千米，但各地鸟友可乘坐旅游专线大巴或自驾车前往，单边行驶约需要两三个小时，交通方便。山上及山脚下有客栈、酒店住宿。

另外，因为山上拍摄火尾太阳鸟的地方海拔在3000米以上，为安全和防止意外，特别提醒有高血压、心脏病、哮喘病、腿脚不便等病症的鸟友及年老体弱者不要去，以免因高原反应、剧烈运动而引发意外。

4. 保山百花岭

这里被誉为“五星级的观鸟胜地”，每年吸引着众多海内外的鸟友从四面八方赶来拍摄各种鸟类。

百花岭隶属于保山市隆阳区芒宽镇，距离保山市区约120千米。这里山高林密，生长着许多珍稀动植物，景色秀丽。著名的古代南方丝绸之路就从高黎贡山百花岭芒宽古道直达腾冲界头，然后从腾冲可通往缅甸、印度。

位于高黎贡山东麓、海拔1500米左右的百花岭，四季苍翠，鸟语花香，融温泉、瀑布、河流、山川于一体。而高黎贡山，更是堪称世界级的动植物宝库。它既是世界生物多样性热点地区和十大濒危森林生物多样性地区之一，也是“三江并流”世界自然遗产的重要组成部分，还是中缅印跨境保护的重要地段和无可替代的生态安全屏障。高黎贡山国家级自然保护区被世

↑三月的百花岭

界野生生物基金会（WWF）列为具有国际重要意义的A级保护区，被联合国教科文组织列为“世界生物圈保护区”。根据相关资料介绍，高黎贡山自然保护区内拥有高等植物5726种、兽类154种、两栖类52种、爬行类81种、鱼类49种，其中高黎贡山特有种子植物382种，因此被誉为“世界物种基因库”“哺乳类动物祖先的发源地”“人类的双面书架”等。更吸引人的是，这里已记录有525种鸟类，约占云南省已记录鸟类总种数的一半以上，拥有白尾梢虹雉、血雀等许多珍稀明星鸟种。因此，它又被誉为“中国观鸟的金三角地带”。

随着近些年“观鸟热”的兴起，百花岭一带设立了许多个“鸟塘”（树林中带有伪装网、观察拍摄时不会惊扰鸟类的观察点），现已发展成国内外众多观鸟爱好者蜂拥前去打卡的观鸟必去之地。目前，这里依托当地的村寨，经过不断改进完善，可为各地鸟友提供“吃住行观”的一条龙服务。各地鸟友可选择乘坐飞机、动车抵达保山站，然后转乘汽车到百花岭，也可自驾车由昆明经楚雄、大理到保山，走高速公路前往，交通食宿很方便。

5. 保山青华海湿地公园

就我个人感受而言，这里对外省来的鸟友而言是一个打鸟相当轻松的美丽所在，距离城区很近，也不需要爬山。

因为青华海国家湿地公园位于保山市的隆阳区东城区，总面积 1363 公顷。青华海属怒江水系，地处横断山区，是全球

生物多样性关键地区和我国鸟类迁徙的重要通道，也是保山古哀牢文化的发祥地。它具有湖泊、库塘、河流、沼泽、森林等多样的生境类型和复杂的生态系统，为各种野生动植物提供了不同的生存空间和栖息场所。

历史上，青华海湿地公园一带是远古时代哀牢古湖演变的孑遗部分，系保山著名的外八景之一。青华海自然风光优美，集山水、田园风光于一体，如今已经成为本地居民与各地游客休闲观光的打卡地。

据保山新闻网2023年12月25日报道，有关调查统计显示，青华海已成为野生动植物的重要栖息地，共记录到鸟类251种，植物992种，鱼类18种，两栖类12种，爬行类14种，是名副其实的“鸟类天堂”。吸引了世界极危鸟类青头潜鸭在内的

↑十一月的青华海湿地

2 万余只候鸟到此越冬。冬季是来此观鸟、拍鸟的最佳季节。众多鸟友已经在此发现了水雉、玉带海雕、青头潜鸭、棉凫、三趾翠鸟、白额雁、大麻鳽、花脸鸭、彩鹮、反嘴鹬、黑鹳、灰鹤等珍稀鸟类。

外地鸟友如今到青华海湿地公园打鸟，不需要为交通等发愁，吃住行都十分方便。这里，有飞机、动车可直达，还可以自驾车从昆明全程走高速公路驶抵。而且，在青华海湿地公园拍完后，可以顺便去百花岭、腾冲和盈江等地继续拍鸟之旅。

6. 腾冲片区

腾冲市地处云南西部的中缅边境，是著名的侨乡、文献之邦和翡翠集散地，也是闻名海内外的旅游胜地。因为其境内多山，特别是有一段山脉属于高黎贡山，森林资源丰富，从而成为多种鸟儿的栖息地，现在又是众多鸟友喜欢光顾的好地方。

在腾冲片区，主要有北海湿地、红木村和姜家寨三处观鸟打鸟地。

北海湿地位于腾冲城西北，四面环山，水草丰茂，生物多样性丰富，系国家级的湿地保护区，是我国西南地区唯一的亚热带火山堰塞湖沼泽湿地，密布着水草、沼泽，是多种水鸟的栖息乐园。每年 12 月，这里便迎来最佳观鸟季，数以万计的候鸟成群结伴，翱翔在蓝天碧水中。在此，可以拍摄到紫水鸡、白腹鹞、赤麻鸭、绵凫、灰鹤、黑翅鸢、黑鹳、青头潜鸭等上百种鸟类。

红木村为曲石镇所辖，位于怒江支流龙川江沿岸，海拔在 1800 米以上。是国内少有能稳定拍摄到珍稀鸟种黄腰响蜜䴕、霍氏旋木雀、金枕黑雀的地方。此外。还能在此拍摄到灰背燕

↑冬季的北海湿地一角

尾、蛇雕、斑喉希鹛、灰喉柳莺、凤头蜂鹰、白喉姬鹟、剑嘴鹛、金腰燕、岩燕、领鸺鹠、褐渔枭、灰林鸮等多种鸟类。

姜家寨也同样为曲石镇管辖，其海拔 1500 米至 3000 米的山地也属于高黎贡山山脉，海拔落差悬殊，植被垂直带明显，尤其鸟儿种类众多，成为全国各地鸟类爱好者的追寻之地。据介绍，这里的 15 个鸟类监测点已经拍摄到楔尾绿鸠、剑嘴鹛、暗胸朱雀、玉头姬鹟、赤胸啄木鸟、红梅松雀、黄腰响蜜䴕、橙额鸦雀、黑脸鹟莺、宽嘴鹟莺、栗头地莺、金胸雀鹛、金枕黑雀、斑胁姬鹛等 200 多种鸟类。

去腾冲的交通也很方便，有航班可直飞；动车可从昆明到保山站，再转乘汽车；也可自驾车经昆明、大理、保山等高速公路直达。

7. 盈江犀鸟谷

这里因独有的珍稀鸟类——犀鸟栖息在此而得名盈江犀鸟谷，如今它在我国各地鸟友心目中有着极为崇高的地位。

它处在德宏州盈江县太平镇石梯村一带，紧邻中缅边境，位于我国伊洛瓦底江水系热带和亚热带区域。这里又是云南铜壁关自然保护区。石梯村是一个景颇族、傈僳族聚居的“直过民族”村，因旧时商队为在陡峭山崖上通行开凿阶梯而得名。

它紧邻云南铜壁关自然保护区洪崩河片区，生态自然景观独特，热带雨林生态系统保存完整，野生动植物资源丰富。森林覆盖率达 90% 以上，是全国生物多样性最丰富、鸟类最集中的地区之一，有鸟类 400 多种，国内仅有的五种犀鸟、林雕鸮及灰孔雀雉等珍稀鸟类均分布于该区域，是国内观察和拍摄野

进入盈江犀鸟谷的山路↑

生犀鸟的绝佳之处。根据观察记录，石梯村有多种珍稀濒危动植物资源，是全国村一级生物多样性最丰富的地区之一，特别是鸟类资源非常丰富，已发现蓝绿鹊、红头咬鹃、纯蓝仙鹟、黑胸太阳鸟、大黄冠啄木鸟、黑喉噪鹛、银耳相思鸟、栗背奇鹛、灰孔雀雉、林雕鸮、红腿小隼、黑颈长尾雉等数百种。

到犀鸟谷路程较远，也没有飞机、动车直达，只能选择乘飞机先到保山、腾冲或芒市，然后再转乘汽车；或者从昆明乘动车到保山，再转乘汽车前往；抑或自驾车，经昆明、大理、保山、腾冲，到盈江县石梯村。石梯村现在不仅设立了众多鸟塘（鸟类监测点），一些村民还开设了民宿客栈，用于接待各地鸟友。每年二三月份为拍摄犀鸟的最佳时节，此时石梯村的客栈住宿会很紧张，需要早早预订。

8. 丽江拉市海

它原本为断层构造湖，位于丽江古城西部约 10 千米处，被誉为丽江的后花园。是 1998 年云南省人民政府批准建立的全省第一个以“湿地”命名的自然保护区。

“拉市”为纳西族古纳西语译名，意为“新的荒坝”，因坝中至今仍有一片水域，便被纳西族人称作拉市海，湖面海拔 2437 米。这片自然保护区主要保护对象为高原湖泊，黑鹳、黑颈鹤、中华秋沙鸭、海菜花等珍稀濒危野生动植物及其生境。由于其特殊的生态服务功能和丰富的生物多样性，2004 年被列入《国际重要湿地名录》，2005 年被列为“全国野生动物科普教育基地”“国家级野生动物疫源疫病监测站”“西南高原湿地环境教育基地”。

据《云南日报》2023 年 12 月 3 日报道，拉市海是国际九

2008 年冬季的拉市海湿地↑

大候鸟迁徙路线之东亚—澳大利西亚候鸟迁徙路线的一部分，系我国三大候鸟迁徙路线中西线的一个中转点，其肥美的水草、鱼虾及良好的生态环境每年都吸引着大量的候鸟途经拉市海南迁和北迁。《拉市海保护区生物多样性》调查报告显示，目前记录到的鸟类有 341 种，其中水禽 96 种，以雁鸭类为主，每年在拉市海越冬的候鸟约 10 万只。随着保护力度的不断加大，拉市海保护区的候鸟种类每年都在增加。

目前，拉市海鸟类名录已记录到黑鹳、中华秋沙鸭、黑颈鹤、白头鹤、白尾海雕、东方白鹳、金雕、林雕 8 种国家一级重点保护野生动物，大天鹅、灰鹤、鸳鸯、秃鹳、棕背田鸡等 29 种国家二级重点保护野生动物。这里不仅是候鸟的栖息乐园，也成为丽江一道亮丽的风景线。

因为丽江有着极其发达的旅游业，所以来这里的交通很方便，吃住行均不用担心，飞机、动车均可直达，自驾车也没问题。

9. 西双版纳勐仑植物园

其全称为中国科学院西双版纳热带植物园，其前身为1959年由蔡希陶教授领导创建的“西双版纳热带植物园”。它既是一家综合性植物研究机构，又是国家5A级旅游景区。

据介绍，位于西双版纳傣族自治州勐腊县勐仑镇，处于澜沧江（湄公河）支流罗梭江所环绕的葫芦形半岛，园区占地面积为11.25平方千米。该园区海拔550米至610米，属西南热带季风气候，主要地貌类型为高原山地和相间分布的山间盆地，有典型的热带雨林植被和丰富的热带植物区系分布。2022年3月，中国科学院西双版纳热带植物园入选2021—2025年第一批“全国科普教育基地”名单；同年12月，又入选“5A级景区品牌影响力100强”榜单。据了解，西双版纳热带植物园分别于2009年、2014年、2019年和2021年诞生了褐喉食蜜鸟、长尾鹦雀、白眉黄臀鹎和斑姬地鸠4个中国鸟类新记录。

自2011年开始，西双版纳热带植物园连续举办了多届观

↑远眺西双版纳热带植物园一带的热带雨林

鸟节。作为著名的国家 5A 级旅游景区和国内观鸟胜地，西双版纳热带植物园每年都会吸引海内外大批的鸟友前来观鸟、拍鸟。截至 2023 年 4 月，植物园内共记录有鸟类 315 种。

外地鸟友可先乘飞机、动车抵达景洪市，然后乘汽车到这个植物园，也可以自驾车前往。

10. 会泽念湖

在云南有多处可以拍摄黑颈鹤的地方，比如昆明寻甸横河梁子、昭通大山包、迪庆纳帕海等。

然而，备受各地鸟友们喜爱的黑颈鹤拍摄地，我认为还是念湖黑颈鹤国家级自然保护区。

它位于曲靖市会泽县，地处云贵高原乌蒙山一带，属长江上游金沙江一级支流牛栏江流域，面积 2260.75 公顷，海拔高度为 2490 米至 2900 米。入选了国际重要湿地名录。

这里原本是很多年前兴建的一个水库，当时起名为“跃进水库”。令人意外的是，这个人工湖泊的形成，逐渐改变了当地的气候环境、资源环境，每年都会吸引大批的黑颈鹤、斑头雁等候鸟飞到这里越冬。而且，它的云海、日出日落、四周的红土地等与湖水相映生辉，十分美丽。我 2021 年冬天去拍摄黑颈鹤时，同时还拍摄了不少念湖风光片。正因此地景色秀丽，令游人来过后还很思念，于是就被驴友们改称“念湖”，得到了大家的一致认可。

它是东亚—澳大利西亚、中亚—印度候鸟迁飞通道上的重要越冬地和中途停歇地，也是我国一级保护动物黑颈鹤在云贵高原上的固定越冬地之一，每年有超过 2 万只水禽在此越冬和停歇。根据第四次全国越冬鹤类同步调查数据显示，会泽念

↑冬日晨雾中的念湖

湖国际重要湿地黑颈鹤数量达 1360 只，占全球种群数量的近 10%。在此，还可拍摄到白腹锦鸡、灰鹤、白鹳、赤麻鸭、红嘴鸥等其他水鸟。

可从昆明乘车、驾车前往。因为近年来该保护区加大了保护力度和限制，所以去之前需要先向有关部门了解咨询相关管护措施后再做决定是否可去。

11. 大理苍山洱海

位于大理的苍山洱海本是闻名海内外的著名旅游胜地，如今又成了打鸟的好地方。

苍山，又名“点苍山”，系世界地质公园，位于大理白族自治州大理市大理古城西部山区。其中十九座山峰，每座山峰海拔都在 3500 米以上，最高的马龙峰海拔为 4122 米。苍山地

苍山一角↑

处低纬高原，属亚热带高原季风气候，拥有温性针叶林、寒温性灌丛草甸、暖温性针叶林、半湿润常绿阔叶林、针阔叶混交林等多个植被垂直带，为动植物特别是鸟儿的栖息创造了很好的自然环境。根据“大理融媒”2023 年 12 月 11 日报道，“苍山综合科考”项目中“鸟类调查团队”通过调查发现，目前已记录的苍山鸟种突破 350 种，包括国家一级重点保护野生动物黑颈长尾雉和国家二级重点保护野生动物血雉、白头鹞、白腹锦鸡、棕尾鵟、靴隼雕、白腹鹞、眼纹噪鹛、环颈山鹧鸪、大鵟和鹊鹞等，刷新了苍山鸟类物种纪录。

坐落在苍山脚下的洱海，古称“叶榆泽”，也叫“西洱河”

或“昆弥川”。因为湖的形状酷似人耳，故名洱海。系云南省第二大湖泊、全国著名的七大淡水湖泊之一。据大理市政府官网介绍，其海拔为1972米，面积约251平方千米，蓄水量约30亿立方米。由于气候温和，湖中动物植物生长良好，自然资源十分丰富，而且流域内山、水、田紧密相连，人文景观与生态环境完美结合，成为闻名中外的旅游胜地。2023年11月2日，洱海被正式认定为国家重要湿地。

每到冬季，洱海便成了“候鸟的天堂”。同样据“大理融媒”报道，相关调查监测显示，目前洱海流域的鸟类有8目12科31属59种，其中留鸟有12种，候鸟有47种，2017—2022年洱海平均越冬鸟类超过40000只，2022年以来最高峰接近60000只，其中既有东方白鹳、黑鹳、彩鹮等国家一级重点保护野生动物，也有棉凫、灰鹤、紫水鸡等10余种国家二级重点保护野生动物。

因为大理的旅游业极为发达，所以去大理的交通很方便，既有飞机，也有动车，还可以自驾车走高速公路，食宿也多种多样。

12. 普洱太阳河国家森林公园

普洱太阳河森林公园，原名“菜阳河国家森林公园”，位于普洱市思茅区东南部31千米处，为国家4A级旅游景区。据该公园官网介绍，它地处热带与亚热带的过渡地区，年均气温17.7℃，面积达216.23平方千米。公园的森林覆盖率高达97.45%，保存着我国面积最大、最完整的南亚热带常绿阔叶林。据不完全统计，这里生长有2100多种植物，栖息着810多种动物，享有“天然花园”的美誉。

据云南网等媒体报道，目前普洱太阳河国家森林公园生活着 50 多种国家一级、二级重点保护野生动物，已记录有蓝喉拟啄木鸟、东方白鹳、黑顶蟆口鸱、原鸡、蓝须夜蜂虎、大黄冠啄木鸟、大盘尾等 200 余种鸟类。

到普洱的交通很方便，有飞机、动车，也可自驾车（全程高速公路）。

需要指出的是，除了上述重点推荐的这些打鸟地点，云南省内还有许多值得去，并且能不时拍摄到一些好鸟的地方，比如昭通大山包、迪庆纳帕海、怒江片马雪山、临沧永德大雪山、丽江老君山、剑川剑湖、普洱芒坝、屏边大围山、勐仑么等新寨，还有昆明大观公园、晋宁南滇池湿地、占地面积较大的云南大学校区乃至一些树多绿化好的居民小区等。

郁郁葱葱的普洱太阳河国家森林公园↑

参考文献

[1] 刘阳，陈水华．中国鸟类观察手册［M］．长沙：湖南科学技术出版社，2021.

[2] 斯蒂芬・莫斯．从中鸟：观鸟的社会史［M］．刘天天，王颖，译．北京：北京大学出版社，2019.

[3] 戴维・艾伦・西布利．西布利观鸟指南［M］叶元兴，王利刚，译．北京：北京大学出版社，2021.

[4] 约翰・马敬能．中国鸟类野外手册［M］．卢和芬，译．长沙：湖南教育出版社，2000.

[5] 西莉亚・费希尔．鸟的魔力：一部绚烂的鸟类文化史［M］．王晨，译．北京：北京联合出版公司，2019.

[6] 吉杨・勒萨弗尔，瓦莱里・维多．鸟之千谜［M］．何艳红，译．桂林：漓江出版社，2021.

[7] 赵欣如，肖雯，张瑜．野外观鸟手册［M］．北京：化学工业出版社，2010.

[8] 珍妮弗・阿克曼．鸟类的天赋［M］．沈汉忠，李思琪，译．南京：译林出版社，2019.

[9] 李昆声．云南考古学通论［M］．昆明：云南大学出版社，2019.

[10] 德里克・亚尔登，翁贝托・阿尔巴雷拉．英国鸟类史［M］．周爽，译．南京：江苏人民出版社，2022.

[11] 赵欣如，朱雷，关翔宇，等．中国鸟类图鉴［M］．北京：商务印书馆，2018.

[12] 戴维・艾伦・西布利．何以为鸟：西布利的鸟类世界［M］．蔡上道，译．长沙：湖南科学技术出版社，2024.

中文鸟名索引

【说明】本索引按鸟类名称的拼音顺序排列，每个名称后的数字为该鸟类在本书正文中的页码。

A

B

C

D

E

F

G

H

J

L

T

W

X

Y

Z

后 记

在本书即将付梓之际，喜悦与期待交织，一时犹有万语千言，我竟又不知从何说起。

朋友，或许您还不知道，这是我在此前已经出版过的几部著作中写得最累的一部。这个“累”表现在三方面：

一是身体劳累。因为本书中包括 330 种野鸟在内的所有照片全是我自己去云南多地的高山、湖泊、村镇等地现场拍摄的，经常需要早出晚归，长途跋涉，翻山越岭，免不了淋雨受冻、风吹日晒，还要忍受晕车、饿肚、失眠、孤独等诸多困苦，所以身体时常因打鸟而倍感疲劳。

二是眼累。为了挑选用于出版的鸟片，我需要从自己拍摄积累的数以十万计的照片中反复仔细比较、筛选出数百幅满意的作品，这个工作量之大和过程的烦琐是一般人难以想象的。加上我七八百度的近视与老花眼，连续长时间面对刺眼的电脑屏幕写作与挑选照片，终于因数次眼结膜充血且眼疼，不得不几次中断休息治疗。而且，我的右手腕累成了鼠标手，因为长时间地使用电脑鼠标而疼得经常要贴药贴和做热敷。

三是心累。自己并非鸟类专业研究者，原本对鸟所知甚少，只是因为采写保山百花岭和盈江石梯村少数民族群众发展观鸟游而脱贫致富工作才掉入“鸟窝”，走上了打鸟之路，虽然这些年积累了一定的观鸟经验，但依然还有许多鸟没有拍过，也还有很多不懂的地方。所以为了本书的写作，我不得不一边进行打鸟观察实践，一边大量阅读中外多种鸟书给自己“充电”，恶补各种鸟知识。在本书写作前期，我几乎每天都在思考这本书的架构、章节设置，不断地进行修正，晚上失眠是常有的事。

既然如此“累”，那我为啥还要自讨苦吃，坚持写作本书？

我最想说的是：为了唤起更多的人关注爱护我们身边的鸟。因为，这事关人类的生存。

鸟作为地球上存在了上亿年的古老生物，其历史远比人类悠久。

在中华文明史上，古人很早就对鸟儿给予了关注，我国鸟文化可以说源远流长。在我们熟知的许多文艺作品中，都有对鸟儿的记叙或赞美。

上古神话“精卫填海”中的“精卫”就是一种神鸟；我国古代最早的一部诗歌总集《诗经》中早有“关关雎鸠，在河之洲”这样的记载；在唐代，诗圣杜甫写出了“两个黄鹂鸣翠柳，一行白鹭上青天”的千古名句；在宋代，著名女诗人李清照为表相思苦而作了“云中谁寄锦书来，雁字回时，月满西楼”的动人吟唱；在现代，著名学者、散文家、翻译家梁实秋先生更是写出了谈鸟名篇《鸟》，并在文章开头就大呼：“我爱鸟！”

遗憾的是，现实生活中歌唱赞美鸟的并非主流。当人类开始成为地球上的霸主后，在相当漫长的历史时期里，鸟和其他众多生物一样并没有受到人类应有的尊重和善待。

曾经，人类对飞鸟可以任意射杀，把它们的肉当作盘中美味，把它们漂亮的羽毛当作帽子、衣服上的装饰品来炫耀，轻视乃至忽视它们。时至今日，人们对鸟的偷猎捕杀依然没有完全被制止。而且，由于气候变化和人类生产、生活等诸多活动的影响，许多鸟儿原有的生态环境和栖息地遭到了破坏，导致一些鸟种在相继消亡。

说实话，今天很多人依然对我们身边、远山和远江、远湖中的鸟所知甚少，更谈不上了解它们的特性和益处。甚至，有不少人误把鸟当作卑微愚笨的微小动物，其实不然。国外的许多研究表明，有的鸟有着较高的智商，比如乌鸦；一些鸟也会制造和使用工具，比如在南太平洋新喀里多尼亚岛屿上的那种新喀鸦，居然会用喙制成带钩的棍子，然后用棍子从树干缝隙中把昆虫钩出来吃；一些鸟能够直接帮助人类，比如信鸽可以隐蔽地传递情报信息，鸬鹚能替渔民捕鱼，一只猫头鹰一年能吃掉上千只老鼠，可帮人类保护数吨粮食；一些鸟能惟妙惟肖地模仿人说话，比如鹦鹉；一些鸟的记忆力甚至远超人类，比如星鸦。美国学者研究发现，每年秋天，一只克拉克星鸦（分布于北美和中美洲）要将 20000 粒至 30000 粒松子埋藏在 5000 个不同的地方以备过冬时食用。数月之后，它还能准确地在这 5000 个不同地方找到自己埋藏的这些食物。

真的，我们太需要重新认识鸟类。为此，只有让更多的人加入观鸟的队伍中来，才会激发起他们对鸟类的了解和关注，从而加大对鸟类及生态环境的关爱保护力度，这是个一举多得的大好事。

那怎样观鸟？去哪里打鸟？在打鸟过程中，会经常遇到一些打鸟新人在不断地发问“这是什么鸟？”我们几乎所有鸟友（包括我在内）在刚开始学习观鸟、打鸟时都会这样不断地问别人。许多初学者常常感叹：怎么没有一本通俗易懂的《云南观鸟手册》呢？

但现实中最常见也最让人们烦恼的是：会打鸟的人大多数不善于写作，能写作的人又往往不会或不擅长拍鸟。而我得益于自己几十年的记者采写工作，能写也还会拍摄，比较好地解决了打鸟与写作的融合问题。所以，我才自告奋勇，愿意为此略尽绵薄之力，旨在和大家一道分享我的打鸟经验与心得，为初学观鸟和外地到云南打鸟的鸟友提供一点儿小小帮助。

在此，我要诚恳地向在我打鸟及写作本书过程中给我指导的云南大学、西南林业大学、中国科学院昆明动物研究所的专家教授们以及帮助过我的那些鸟友们表示最衷心的感谢。更要感谢慧眼识书的云南美术出版社的领导和编辑！

最后，我还想说的是：不论你是观鸟、打鸟新人，还是已经拍摄了数百种乃至上千种各地鸟儿的老鸟、高手，都要虚心地把自己一直当成一个正在学习者，因为全世界的鸟儿实在太多，任谁再厉害也一生都拍不完。但就云南省上千种的野鸟，我们个人都很可能在有生之年无法毫无遗漏地全部拍摄到它们。要想一人打破美国著名鸟类观察家菲比・斯奈辛格女士创下的 8398 种鸟儿的个人观鸟世界纪录，对绝大多数观鸟者而言是可望而不可及的。

何况，有太多的鸟友虽然拍了不少鸟，但他们对这些鸟并没有下功夫去研究，依旧对一些鸟的稀奇古怪名字叫不出、记不住，仍然对不少鸟的特性、对深厚的中国以及世界鸟文化等知之甚少，仅仅是个人用镜头对鸟做了个记录而已。

因此，我们每个鸟人、鸟友不仅要观鸟、打鸟，更要努力知鸟、懂鸟、爱鸟。

“打鸟永远在路上！”这句话不应只停留在口号里，更应落实到每个爱鸟人的行动上！您认同我的这个观点吗？

2025 年 3 月 6 日于昆明